U0314841

系统工程方法与应用

杨林泉　编著

北　京

冶　金　工　业　出　版　社

2018

内 容 提 要

本书以系统工程方法的应用为主线，全面介绍了系统工程的基本原理、方法及应用。主要内容包括：综合评价方法、预测方法、决策方法、优化方法等。

本书可供高等院校管理类专业的本科生、研究生使用，也可供相关专业技术人员参考。

图书在版编目(CIP)数据

系统工程方法与应用/杨林泉编著．—北京：冶金工业出版社，2018.9

ISBN 978-7-5024-7890-2

Ⅰ.①系…　Ⅱ.①杨…　Ⅲ.①系统工程　Ⅳ.①N945

中国版本图书馆 CIP 数据核字(2018)第 216189 号

出 版 人　谭学余
地　　　址　北京市东城区嵩祝院北巷 39 号　邮编　100009　电话　(010)64027926
网　　　址　www.cnmip.com.cn　电子信箱　yjcbs@cnmip.com.cn
责任编辑　郭冬艳　美术编辑　彭子赫　版式设计　孙跃红
责任校对　郭惠兰　责任印制　牛晓波
ISBN 978-7-5024-7890-2
冶金工业出版社出版发行；各地新华书店经销；三河市双峰印刷装订有限公司印刷
2018 年 9 月第 1 版，2018 年 9 月第 1 次印刷
169mm×239mm；12.75 印张；245 千字；189 页
65.00 元

冶金工业出版社　投稿电话　(010)64027932　投稿信箱　tougao@cnmip.com.cn
冶金工业出版社营销中心　电话　(010)64044283　传真　(010)64027893
冶金书店　地址　北京市东四西大街 46 号(100010)　电话　(010)65289081(兼传真)
冶金工业出版社天猫旗舰店　yjgycbs.tmall.com
（本书如有印装质量问题，本社营销中心负责退换）

前　言

系统工程是以系统为研究对象的一门组织管理技术。其基本思想是在系统理论的指导下，运用系统工程的原理与方法，从整体观念出发探求管理活动的最优计划、最优组织和最优控制，使管理系统发挥其整体优化功能，获得最佳经济效益。

本书以系统工程方法的应用为主线，阐述了系统工程的基本原理、方法及应用。主要内容包括：综合评价方法、预测方法、决策方法和优化方法等。全书共分14章。第1章概述系统的概念和特点、系统理论等；第2章介绍系统工程的定义、内容及方法论；第3章阐述系统分析的方法和步骤；第4章详细阐述了系统评价原理及层次分析法、模糊综合评价等系统综合评价方法；第5章讲述定量预测方法中的回归分析预测法；第6章是时间序列预测法，包括移动平均法、指数平滑法、趋势模型法、季节变动预测法；第7章阐明灰色预测法及应用；第8章是决策概述，包括决策的基本要素、决策的性质、决策的一般过程、决策的分类；第9章阐述确定型决策中的线性规划方法和盈亏平衡分析；第10章是风险型决策的几种决策标准及决策方法；第11章描述不确定型决策的几种决策标准及多阶段决策分析方法；第12章重点讲述多目标决策中的目标规划法；第13章阐述优化分析常用的网络计划模型的应用；第14章描述了系统动力学方法及应用。

本书以作者多年来教学和科研工作的经验为基础，理论联系实际，在内容选择和编排上力求揭示各种方法之间的内在联系，使全书形成一个完整的体系；用现实案例说明问题，更注重系统工程方法在经济管理中的运用，并在大部分章节都给出了用 Excel 计算的方法，使本书具有很高的实用性和可操作性。

　　在本书的编写过程中，参阅了有关文献著作，在此特向文献作者表示衷心的感谢。

　　由于作者水平所限，书中不妥之处，敬请读者批评指正。

编著者

2018 年 5 月

目　　录

1　系统与系统理论 ………………………………………………………… 1

　1.1　系统的概念 …………………………………………………………… 1

　　1.1.1　系统思想的形成及演变 ……………………………… 1

　　1.1.2　系统的定义 ……………………………………………… 4

　　1.1.3　系统的形态 ……………………………………………… 5

　1.2　系统的特性 …………………………………………………………… 7

　　1.2.1　整体性 ……………………………………………………… 7

　　1.2.2　相关性 ……………………………………………………… 8

　　1.2.3　目的性 ……………………………………………………… 9

　　1.2.4　环境适应性 ……………………………………………… 10

　1.3　系统理论概述 ………………………………………………………… 11

　　1.3.1　一般系统论 ……………………………………………… 11

　　1.3.2　控制论 ……………………………………………………… 13

　　1.3.3　信息论 ……………………………………………………… 15

　　1.3.4　耗散结构理论 …………………………………………… 16

　　1.3.5　协同学理论 ……………………………………………… 20

　　1.3.6　突变理论 ………………………………………………… 21

2　系统工程概述 ………………………………………………………… 23

　2.1　系统工程的基本概念 ……………………………………………… 23

　　2.1.1　系统工程的定义 ………………………………………… 23

　　2.1.2　系统工程的特点 ………………………………………… 24

　　2.1.3　系统工程的形成与发展 ……………………………… 26

　　2.1.4　系统工程的应用范围 ………………………………… 28

　2.2　系统工程的技术内容 ……………………………………………… 29

　　2.2.1　运筹学 ……………………………………………………… 29

2.2.2　概率论与数理统计学 ……………………………………… 32

2.2.3　数量经济学 …………………………………………………… 32

2.2.4　技术经济学 …………………………………………………… 33

2.2.5　管理科学 ……………………………………………………… 33

2.3　系统工程方法论 …………………………………………………… 34

2.3.1　霍尔三维结构 ………………………………………………… 34

2.3.2　切克兰德方法论 ……………………………………………… 36

2.4　两种方法论的比较 ………………………………………………… 37

3　系统分析 …………………………………………………………………… 38

3.1　系统分析的基本概念 ……………………………………………… 38

3.1.1　系统分析的含义 ……………………………………………… 38

3.1.2　系统分析的准则 ……………………………………………… 39

3.1.3　系统分析在管理中的应用 …………………………………… 41

3.2　系统分析的基本要素 ……………………………………………… 42

3.2.1　目标 …………………………………………………………… 42

3.2.2　可行方案 ……………………………………………………… 43

3.2.3　模型 …………………………………………………………… 44

3.2.4　费用 …………………………………………………………… 45

3.2.5　效果 …………………………………………………………… 46

3.2.6　评价标准 ……………………………………………………… 46

3.3　系统分析的主要作业 ……………………………………………… 46

3.3.1　系统的模型化 ………………………………………………… 47

3.3.2　系统最优化 …………………………………………………… 49

3.3.3　系统评价 ……………………………………………………… 52

4　系统评价方法 ……………………………………………………………… 56

4.1　系统评价原理 ……………………………………………………… 56

4.2　关联矩阵法 ………………………………………………………… 58

4.3　层次分析法 ………………………………………………………… 59

4.3.1　层次分析法的产生与发展 …………………………………… 59

4.3.2　基本思想和实施步骤 ………………………………………… 59

　　　4.3.3　判断矩阵的构造及一致性检验 ·················· 61

　　　4.3.4　要素相对权重或重要度向量 W 的计算方法 ·········· 62

　　　4.3.5　层次分析法应用举例 ························ 64

　　4.4　模糊综合评价法 ··························· 65

　　　4.4.1　基本概念 ··························· 65

　　　4.4.2　模糊综合评价的方法与步骤 ··············· 66

5　回归分析预测方法 ································· 70

　　5.1　相关与回归分析 ························· 70

　　　5.1.1　相关的概念和种类 ····················· 70

　　　5.1.2　回归分析 ························· 71

　　5.2　一元线性回归 ··························· 71

　　　5.2.1　模型参数 a，b 的最小二乘估计 ············· 72

　　　5.2.2　显著性检验 ························· 72

　　　5.2.3　预测区间估计 ······················· 74

　　　5.2.4　一元线性回归预测实例 ·················· 74

　　5.3　多元线性回归 ··························· 76

　　　5.3.1　多重判定系数 ······················· 77

　　　5.3.2　估计标准误差 ······················· 78

　　　5.3.3　显著性检验 ························· 78

　　5.4　非线性回归 ····························· 79

6　时间序列预测方法 ································· 80

　　6.1　时间序列的构成 ························· 80

　　6.2　简单平均法 ····························· 81

　　　6.2.1　算术平均法 ························· 81

　　　6.2.2　加权平均法 ························· 81

　　6.3　移动平均法 ····························· 81

　　　6.3.1　一次移动平均法 ······················ 81

　　　6.3.2　二次移动平均法 ······················ 84

　　　6.3.3　加权移动平均法 ······················ 87

　　6.4　指数平滑法 ····························· 89

6.5 趋势预测法 ··· 90
　6.5.1 直线趋势预测 ·· 90
　6.5.2 二次曲线趋势预测 ···································· 91
　6.5.3 指数曲线趋势预测 ···································· 91
　6.5.4 Gompertz 曲线 ······································· 91
6.6 季节变动预测法 ··· 93
　6.6.1 季节指数 ·· 94
　6.6.2 无趋势变动的季节模型 ································ 94
　6.6.3 含趋势变动的季节模型 ································ 94
　6.6.4 应用举例 ·· 95

7 灰色预测法 ··· 97
7.1 灰色系统理论概述 ··· 97
7.2 灰色预测的类型 ··· 98
7.3 灰色关联分析 ··· 99
　7.3.1 关联度定义 ·· 99
　7.3.2 关联分析的计算步骤 ·································· 99
　7.3.3 灰色关联分析应用 ··································· 100
7.4 灰色模型预测 ·· 102
　7.4.1 灰色生成 ··· 102
　7.4.2 GM（1，1）模型 ····································· 103
7.5 灰色预测法案例分析 ·· 104
　7.5.1 灰色预测原理 ······································· 104
　7.5.2 模型的实际应用 ····································· 105

8 决策概述 ·· 107
8.1 决策的概念 ·· 107
8.2 决策的基本要素 ·· 108
8.3 决策的性质 ·· 108
8.4 决策的一般过程 ·· 110
　8.4.1 发现问题，确定决策目标 ····························· 110
　8.4.2 拟定备选方案 ······································· 110

8.4.3　评价选择方案 ·· 111

8.4.4　方案实施与控制 ·· 111

8.4.5　决策结果的反馈 ·· 111

8.5　决策的分类 ··· 112

8.5.1　按决策问题的重要性分类 ······················· 112

8.5.2　按决策问题的结构分类 ·························· 112

8.5.3　按决策的性质分类 ·································· 113

8.5.4　按决策信息的完备性分类 ······················· 113

8.5.5　按决策过程的连续性分类 ······················· 113

8.5.6　按照决策目标的数量分类 ······················· 114

9　确定型决策 ·· 115

9.1　线性规划 ··· 115

9.1.1　线性规划模型的结构 ······························ 115

9.1.2　线性规划模型的解法思路 ······················· 117

9.1.3　用 Excel 求解线性规划 ·························· 119

9.1.4　线性规划模型的应用 ······························ 121

9.2　盈亏平衡分析 ··· 126

9.2.1　盈亏平衡分析原理 ·································· 126

9.2.2　图解法 ·· 126

9.2.3　公式法 ·· 127

9.2.4　边际收益分析 ·· 127

9.2.5　经营安全状况分析 ·································· 128

9.2.6　盈亏平衡分析的应用 ······················· 128

10　风险型决策 ·· 130

10.1　问题概述 ·· 130

10.1.1　矩阵表示法 ··· 130

10.1.2　决策树表示法 ······································ 132

10.2　最大可能准则 ·· 132

10.2.1　含义及特点 ··· 132

10.2.2　决策步骤 ·· 132

10.3 期望值准则 ………………………………………………… 133

　10.3.1 含义及特点 …………………………………………… 133

　10.3.2 决策步骤 ……………………………………………… 133

10.4 边际概率准则 ……………………………………………… 135

11 不确定型决策 ……………………………………………… 137

11.1 决策准则 …………………………………………………… 137

　11.1.1 乐观准则 ……………………………………………… 137

　11.1.2 悲观准则 ……………………………………………… 138

　11.1.3 折中准则（乐观系数准则）………………………… 139

　11.1.4 等可能性准则 ………………………………………… 139

　11.1.5 后悔值准则 …………………………………………… 140

11.2 多阶段决策 ………………………………………………… 141

12 多目标决策 ………………………………………………… 143

12.1 多目标决策基础 …………………………………………… 143

　12.1.1 多目标决策问题的特点、要素与原则 ……………… 143

　12.1.2 多目标决策问题的分类 ……………………………… 145

　12.1.3 多目标决策方法 ……………………………………… 145

12.2 目标规划法 ………………………………………………… 145

　12.2.1 目标规划的概念 ……………………………………… 145

　12.2.2 目标规划的数学模型 ………………………………… 148

　12.2.3 目标规划的建模步骤 ………………………………… 149

　12.2.4 目标规划求解方法 …………………………………… 149

13 网络计划技术 ……………………………………………… 152

13.1 网络图的组成及绘制 ……………………………………… 152

　13.1.1 网络图的类型 ………………………………………… 152

　13.1.2 网络图的基本要素 …………………………………… 153

　13.1.3 网络图的线路与关键线路 …………………………… 154

　13.1.4 网络图的编制 ………………………………………… 155

13.2 事项的时间参数 …………………………………………… 160

13.2.1　事项的最早开始时间 ……………………………… 160

13.2.2　事项的最迟结束时间 ……………………………… 161

13.2.3　事项的时差 ………………………………………… 162

13.2.4　利用事项的时间参数来确定关键线路 …………… 162

13.3　工作的时间参数 …………………………………………… 163

13.4　规定总工期的概率评价 …………………………………… 164

13.5　网络图的调整与优化 ……………………………………… 167

14　系统动力学方法 ……………………………………………… 170

14.1　系统动力学发展历程 ……………………………………… 170

14.2　系统动力学的原理 ………………………………………… 171

14.3　系统动力学基本概念 ……………………………………… 172

14.4　系统动力学分析问题的步骤 ……………………………… 174

14.5　系统动力学实际案例 ……………………………………… 175

14.5.1　企业成长与投资不足案例 ………………………… 175

14.5.2　供应链中牛鞭效应 ………………………………… 177

附录　统计表 ……………………………………………………… 182

参考文献 ………………………………………………………… 189

1 系统与系统理论

1.1 系统的概念

在自然界和人类社会中，可以说任何事物都是以系统的形式存在的，每个所要研究的问题对象都可以被看成是一个系统。人们在认识客观事物或改造客观事物的过程中，用综合分析的思维方式看待事物，根据事物内在的、本质的、必然的联系，从整体的角度进行分析和研究，这类事物就被看成为一个系统。

1.1.1 系统思想的形成及演变

1.1.1.1 古代朴素的系统思想

系统的概念来源于人类长期的社会实践。人类很早就有了系统思想的萌芽，主要表现在对整体、组织、结构、等级等概念的认识。我国是一个具有数千年文明史的古国，在丰富的历史宝库中，可以找到很多有关系统的朴素思想。古代天文、军事、工程、医药等方面的知识和成就，都在不同程度上反映了朴素的系统思想。

我国古代天文学家为发展原始农牧业，很早就关心天象的变化，把宇宙作为一个超系统，探讨了它的结构、变化和发展，揭示了天体运行与季节变化的联系，编制出历法和指导农事活动的二十四节气。古代农事著作，如《管子·地员》、《诗经·七月》等，对农作物与种子、地形、土壤、水分、肥料、季节、气候诸因素的关系，都有辩证思维的论述。我国古代人民对人体系统方面也很早就有了认识和研究。我国古代最著名的医学典籍《内经》，根据阴阳五行的朴素辩证法，把自然界和人体看成是由五种要素相生相克、相互制约而组成的有秩序、有组织的整体。《内经》和其他古代医学中的藏象、病机、气血、津液、经络等学说，以及在此基础上建立起来的辩证论治，都充分体现了系统思想。

我国古代的系统思想还反映在军事理论方面。公元前 5 世纪春秋末期，著名军事家孙武在他的《孙子兵法》中，阐述了不少朴素的系统思想和谋略。《孙子兵法》中"经五事"从道、天、地、将、法五个方面来分析战争的全局，这里所讲的"道"，就是要内修德政，注重战争是否有理，有道之国、有道之兵，得到人民的支持，才是胜利之本。此外，还有天时、地利的客观条件；而将领的才智、威信状况，士兵是否训练有素，纪律、赏罚是否严明，粮道是否畅通等则是主观条件。依据"五事"推论出"七计"，指出"经之以五事，校之以计，而索其情"。《孙子兵法》是一部揭示战争规律的杰作，对战争系统的各个层次、各个方面以及它们的内在联系都进行了全面分析和论述，从而在整体上构成了对战争规律性的认识。据说现在日本许多系统工程学者和管理学家，都热衷于研究《孙子兵法》，把其思想用于现代管理之中。他们认为，《孙子兵法》中关于运筹谋略、对抗策略的论述极其精辟，在 2000 多年后的今天仍然是适用的。

我国古代劳动人民很早就把系统思想运用于改造自然的社会实践中去。这方面的事例很多，如战国时期（公元前 250 年）秦国人李冰任蜀郡太守后，主持修建了驰名中外的四川都江堰水利工程。该项工程包括三个主要部分："鱼嘴"是岷江分洪工程，"飞沙堰"是分洪排沙工程，"宝瓶口"是引水工程，三个部分巧妙地结合成为一个工程整体。根据今天的试验，工程的排沙、引水、防洪等方面都做了精确的数量分析，使工程兼有防洪、灌溉、漂木、行舟等多种功能。由于在渠道上设置了水尺测量水位，合理控制了分水流量，不仅分导了汹涌流急的岷江而化害为利，还利用分洪工程有节制地灌溉了 14 个县的田地；工程不仅在施工时期有一套管理办法，还建立了维修保养制度，每年按规定淘沙修堤，使工程长久稳固，至今仍能充分发挥其效益。三大主体工程和 120 个附属渠堰工程，形成了一个协调运转的工程总体，体现了非常完善的整体观念、优化方法和发展的系统思路，即使以现在的观点看，仍不愧为世界上一项宏伟的水利建设工程。

所有这些都说明，人类在知道系统工程之前，在社会实践中就已经进行辩证的系统思维了，并应用朴素的系统思想改造自然与社会。

朴素的系统思想，不仅体现在古代人类的实践中，而且在我国古代和古希腊的哲学思想中得到了反映。当时的一些朴素唯物主义思想家都从承认统一的物质本源出发，把自然界当作一个统一体，我国春秋末期思想家老子就强调自然界的统一性。古希腊卓越的唯物主义哲学家德谟克利特（公元前 467~370 年）从唯物主义立场出发阐述了系统的思想，他在物质构造的原子论基础上，认为世界是由原子和虚空组成的，原子组成万物，形成不同系统层次的世界，人也是一个小世界，宇宙中有无数世界，这些世界不断产生、发展和消灭。亚里士多德（公元前 384~322 年）的"四因"（目的因、动力因、形式因、质料因）的思想，以及关于事物的种属关系和关于范畴分类的思想等，可以说是古代朴素系统观念最有价值的遗产。他曾经说过："一般说来，所有的方式显示全体并不是部分的总和。"他以房屋作例子，说明一所房屋并不等于它的砖瓦、木料等建筑材料的总和，并指出，"由此看来，很清楚，你可以有了各个部分，而还没有形成整体，所以各个部分单独在一起和整体并不是一回事"。以后人们把亚里士多德的这一思想概括成"整体大于部分的总和"。类似这种系统观，在几何学的奠基人欧几里得和天文学家托勒密的著作中也有具体表述。

1.1.1.2 系统思想的成熟与发展

古代朴素唯物主义哲学思想包含了系统思想的萌芽，它虽然强调对自然界整体性、统一性的认识，但缺乏对整体各个细节的认识能力，因而对整体性和统一性的认识是不完全的。恩格斯在《自然辩证法》中指出："在希腊人那里——正因为他们还没有进步到自然界的解剖、分析—自然界还被当作一个整体而从总的方面来观察。自然现象的总联系还没有在细节方面得到证明，这种联系对希腊人来说是直接的直观的结果。这里就存在着希腊哲学的缺陷，由于这些缺陷，它在以后就必须屈服于另一种观点。"对自然界这个统一体各个细节的认识，是近代自然科学的任务。

15 世纪下半叶，由于近代科学的兴起，力学、天文学、物理学、化学以及生物学等学科逐渐从混为一体的哲学中分离出来，获得了日益迅速的发展，产生了研究自然界的独特的分析方法（包括实验、解剖和观察），这样就把自然界的局部细节，从总的自然联系中抽出来而分门别类地加以研究。这种考察自然界的方法引进到哲学中，就形成了形而上学的思维方法。形而上学的出现是有历史根源的，是时代的需要，这是由于在深入的、细节的考察方面，它与古代哲学相比有一个显著的进步。但是也要看到，形而上学是撇开了总体的联系来考察事物和过程，正如恩格斯所指出的："以这些障碍堵塞了自己从了解部分到了解整体，到洞察普遍联系的道路。"

19 世纪上半叶，自然科学已取得了伟大的成就，特别是能量转化、细胞和进化论的发现，使人类对自然过程是相互联系的认识有了很大的提高。恩格斯指出："由于这三大发现和自然科学的其他巨大进步，我们现在不仅能够指出自然界中各个领域内过程之间的联系，而且总的说来也能指出各个领域之间的联系了，这样，我们就能够依靠经验和自然科学本身所提供的事实，以近乎系统的形式描绘出一幅自然界联系的清晰图画。"这个时期的自然科学，为马克思主义哲学提供了丰富的素材，为唯物主义自然观奠定了更加巩固的基础。马克思、恩格斯的辩证唯物主义认为，物质世界是由无数相互联系、相互依赖、相互制约、相互作用的事物和过程形成的统一整体。辩证唯物主义体现的物质世界普遍联系及其整体性的思想就是系统思想，这是"一个伟大的基本思想，即认为世界不是一成不变的事物的集合体，而是过程的集合体。"恩格斯讲的"集合体"就是我们现在讲的"系统"及其特征，而他所强调的"过程"，就是指系统中各个组成部分的相互作用和整体的发展变化。因此，系统思想是辩证唯物主义的重要组成内容。当然，现代科学技术的发展对系统思想的方法和实践产生了重大影响，具体表现在：

（1）现代科学技术的成就使得系统思想方法定量化，成为一套具有数学理论，能够定量处理系统各组成部分联系和关系的科学方法；

（2）现代科学技术的成就和发展，为系统思想方法的实际运用提供了强有力的计算工具——电子计算机。

总之，系统思想是进行分析和综合的辩证思维工具，它在辩证唯物主义那里取得了哲学的表达形式，在运筹学和其他学科中取得了定量的表述方式，并在系统工程应用中不断充实自己实践的内容，系统思想方法从一种哲学思维逐步形成为专门的科学——系统科学。

1.1.2 系统的定义

系统一词最早出现于古希腊语中，原意是指事物中共性部分和每一事物应占据的位置，也就是部分组成的整体的意思。从中文字面看，"系"指关系、联系；"统"指有机统一，"系统"则指有机联系和统一。将系统作为一个重要的科学概念予以研究，则是由美籍奥地利理论生物学家冯·贝塔朗菲（Ludwing Von Bertalanffy）于 1937 年第一次提出来的，他认为系统是"相互作用的诸要素的综合体"。

系统概念同任何其他认识范畴一样，描述的是一种理想的客体，而这一客体在形式上表现为诸要素的集合。我国系统科学界对系统通用的定义是：系统是由相互作用和相互依赖的若干组成部分（要素）结合而成的，具有特定功能的有机整体。

从上述系统的定义可以看出，系统必须具备三个条件：第一是系统必须由两个以上的要素（部分、元素）组成，要素是构成系统的最基本的单位，因而也是系统存在的基础和实际载体，系统离开了要素就不称其为系统；第二是要素与要素之间存在着一定的有机联系，从而在系统的内部和外部形成一定的结构或秩序，任一系统又是它所从属的一个更大系统的组成部分（要素），这样，系统整体与要素、要素与要素、整体与环境之间，存在着相互作用和相互联系的机制；第三是任何系统都有特定的功能，这是整体具有不同于各个组成要素的新功能，这种新功能是由系统内部的有机联系和结构所决定的。

任何事物都是系统与要素的对立统一体，系统与要素的对立统一是客观事物的本质属性和存在方式，它们相互依存、互为条件，在事物的运动和变化中，系统和要素总是相互伴随而产生、相互作用而变化，它们的相互作用有如下三方面。

（1）系统通过整体作用支配和控制要素。当系统处于平衡稳定条件时，系统通过其整体作用来控制和决定各个要素在系统中的地位、排列顺序、作用的性质和范围的大小，统率着各个要素的特性和功能，协调着各个要素之间的数量比例关系，等等。在系统整体中，每个要素以及要素之间的相互关系都由系统所决定。系统整体稳定，要素也稳定；当系统整体的特性和功能发生变化，要素以及要素之间的关系也随之产生变化。例如，一个企业管理组织系统的整体功能，决定和支配着作为要素的生产、销售、财务、人事、科技开发等各分系统的地位、作用和它们之间的关系。为使管理组织的整体效益最佳，就要求各分系统必须充分发挥各自的功能，就要对各分系统之间的关系进行控制与协调，并要求各分系统充分发挥各自的功能。

（2）要素通过相互作用决定系统的特性和功能。一般地说，要素对系统的作用有两种可能趋势。一种是如果要素的组成成分和数量具有一种协调、适应的比例关系，就能够维持系统的动态平衡和稳定，并促使系统走向组织化、有序化；一种是如果两者的比例发生变化，使要素相互之间出现不协调、不适应的比例关系，就会破坏系统的平衡和稳定，甚至使系统衰退、崩溃和消亡。

（3）系统和要素的概念是相对的。由于事物生成和发展的无限性，系统和要素的区别是相对的。由要素组成的系统，又是较高一级系统的组成部分，在这个更大系统中是一个要素，同时它本身又是较低一级组成要素的系统。例如，某企业（总厂）是以几个分厂的要素组成的系统，而此总厂又是更大系统企业集团的一个组成要素。正是由于系统和要素地位与性质关系的相互转化，构成了物质世界一级套一级的等级性。

1.1.3 系统的形态

系统是以不同的形态存在的，系统的形态与其所要解决的问题密切相关。根据生成的原因和反映的属性不同，系统可以进行各种各样的分类，其一般形态分述如下。

（1）自然系统和人造系统。自然系统是由自然物（矿物、植物、动物、海洋等）形成的系统，它的特点是自然形成的。自然系统一般表现为环境系统，如海洋系统、矿藏系统、植物系统、生态系统、原子核结构系统、大气系统等。了解自然系统的形成及其规律，是人造系统的基础。

人造系统是为了达到人类所需要的目的而由人类设计和建造的系统，如工程技术系统、经营管理系统、科学技术系统就是三种典型的人造系统。工程技术系统是由人们对自然物等进行加工，用人工方法建造出来的工具和机械装置等所构成的工程技术集合体；经营管理系统是人们通过规定的组织、制度、程序、手段等建立起来的经营与管理的统一体；科技系统是人们通过对自然现象和社会现象的科学认识，用人工方法研究出来的综合的科学体系和技术体系。

实际上，多数系统是自然系统与人造系统相结合的复合系统。因为许多系统是有人参加活动，由人们运用科学力量，认识、改造了的自然系统。如社会系统，看起来是一个人造系统，但是它的发生和发展是不以人们的意志为转移的，是有其内在规律的。从人类发展的需要看，其趋势是越来越多地发展和创造更新人造系统。随着科学技术的发展，已出现了越来越多的人造系统。但是大量人造系统的发展，也打破了自然系统的平衡，使自然环境（大气、生态、海洋）系统受到极大破坏，造成严重的公害以及各种可知和尚不可知的污染，甚至给人类的生活和生存带来威胁和危机。因此，近年来系统工程已越来越注重从其与自然系统的关系中来研究、开发、建造人造系统。

（2）实体系统和概念系统。实体系统是以矿物、生物、能源、机械等实体组成的系统，就是说，它的组成要素是具有实体的物质。这种系统是以硬件为主体，以静态系统的形式来表现的，如人—机系统、机械系统、电力系统等。系统不仅具有实体部分，而且还必须有赖以形成的概念部分。

概念系统是由概念、原理、原则、方法、制度、程序等观念性的非物质实体所组成的系统，它是以软件为主体、依附于动态系统的形式来表现的，如科技体制、教育体系、法律系统、程序系统等。

在实践中，实际系统和概念系统通常是结合在一起的。如机械工程是实体系统，而用来制造某种机械所提供的方案、计划、程序就是概念系统。实体系统是概念系统的基础和服务对象，而概念系统是为实体系统提供指导和服务的，两者是不可分的。

（3）封闭系统和开放系统。封闭系统是指该系统与环境之间没有物质、能量和信息的交换，由系统的界限将环境与系统隔开，因而呈一种封闭状态。

一个封闭系统，由于它与环境之间不进行任何交流，故这个系统要能存在，首先是该系统内部的部件及其相互之间存在有某种均衡关系。当然，这种均衡关系的意义是随着不同系统的层次以及系统的内容而确定的，但对系统内部的这种均衡关系的认识，将是了解封闭系统的最基本的步骤。

开放系统是指系统内部与外部环境有相互关系，能进行物质、能量和信息交换的系统。它从环境得到输入，并向环境输出，而且系统状态直接受环境变化的影响。大部分人造系统都属于这一类，如社会系统、经营管理系统等。

（4）静态系统和动态系统。静态系统是其固有状态参数不随时间改变的系统，它没有既定的相对输入和输出，其在系统运动规律的表征模型中不含时间因素，即模型中的变量不随时间而变化，如车间平面布置系统、城市规划布局等。静态系统属于实体系统。

动态系统是系统状态变量随时间而改变的系统，也就是把系统的状态变量作为时间的函数而表现出来的系统。它有输入和输出及转换过程，一般都有人的行为因素在内，如生产系统、服务系统、开发系统、社会系统等。动态系统需要以静态系统为基础，需要有概念系统的配合。由于系统的特性是由其状态变量随时间变化的信息来描述的，因此在实际工作中，要以分析和研究动态系统为主要目的。

（5）对象系统和行为系统。对象系统是按照具体研究对象进行区分而产生的系统，如企业的经营计划系统、生产系统、库存系统等。

行为系统是以完成目的行为作为组成要素的系统。所谓行为，是指为达到某一确定的目的而执行某特定功能的作用，这种作用对外部环境能产生一定的效用。行为系统的区别并不以系统的组成部分及其结构特征作为标准，而是根据行为特征的内容加以区别。也就是说，尽管有些系统组成部分及其有关内容是相同的，但如果其执行特定功能的作用不同，那它们就不能算是同类的系统。行为系统一般需要通过组织体系来体现，如社会系统、经济系统、管理系统等。

（6）控制系统和因果系统。控制系统是具有控制功能的系统。控制就是为了达到某个目的，给对象系统所施加的动作。控制对象要由控制装置操纵，使其达到规定的目的。当控制系统由控制装置自动进行时，称之为自动控制系统。

因果系统是输出完全决定于输入的系统，它必须是个开放系统。因果系统的内容是由单一因素决定的，其状态具有一致性。这类系统一般为测试系统，如信号系统、记录系统、测量系统等。

具体系统形态可能千变万化，但是基本上可以看作是各种系统形态相互组合而形成的，它们之间往往是相互交叉和相互渗透的。

1.2 系统的特性

明确系统的特性，是人们认识系统、研究系统、掌握系统思想的关键。系统应当具备整体性、相关性、目的性和环境适应性四个特征。

1.2.1 整体性

系统的整体性主要表现为系统的整体功能，系统的整体功能不是各组成要素功能的简单叠加，也不是由组成要素简单地拼凑，而是呈现出各组成要素所没有的新功能，可概括地表达为"系统整体不等于其组成部分之和"，而是"整体大于部分之和"，即

$$F_s > \sum F_i$$

式中，F_s 为系统的整体功能；F_i 为各要素的功能（$i=1, 2, \cdots, n$）。

由于这种整体功能不是各要素单独具有的，因此对各要素来说，这种整体功能的产生就不仅是一种数量上的增加，更表现为一种质变，系统整体的质不同于各要素的质。马克思和恩格斯曾以协作、分工和工场手工业，机器和大工业的领域内不同的系统整体存在着不同效应的事实指出，"许多人协作，许多力量融合为一个总的力量"，"就造成了一种'新的力量'，这种力量和它的一个个力量的总和有本质的差别"。这里的"新的力量"，就是系统整体效应所呈现的新质，

这是单个要素所不具有的。系统整体之所以能产生新质，是因为在系统整体的各个组成部分之间，相互联系和相互作用形成一种协同作用；只有通过协同作用，系统的整体功能才能显现。

系统的整体原则对现代化管理工作具有重要指导意义，其主要作用有如下三方面。

（1）依据确定的管理目标，从管理的整体出发，把管理要素组成为一个有机的系统，协调并统一管理中诸要素的功能，使系统功能产生放大效应，发挥出管理系统的整体优化功能。

（2）把不断提高管理要素的功能，作为改善管理系统整体功能的基础。一般是从提高组成要素的基本素质入手，按照系统整体目标的要求，不断提高各个部门特别是关键部门或薄弱部门的功能素质，并强调局部服从整体，从而实现管理系统的最佳整体功能。

（3）改善和提高管理系统的整体功能，不仅要注重发挥各个组成要素的功能，更重要的是要调整要素的组织形式，建立合理结构，促使管理系统整体功能优化。

1.2.2　相关性

系统内的各要素是相互作用而又相互联系的。整体性确定系统的组成要素，相关性则说明这些组成要素之间的关系。系统中任一要素与存在于该系统中的其他要素是互相关联又互相制约的，它们之间的某一要素如果发生了变化，则其他相关联的要素也要相应地改变和调整，从而保持系统整体的最佳状态。

贝塔朗菲用一组联立微分方程描述了系统的相关性，即

$$\frac{dQ_1}{dt} = f_1(Q_1, Q_2, \cdots, Q_n)$$

$$\frac{dQ_2}{dt} = f_2(Q_1, Q_2, \cdots, Q_n)$$

$$\vdots$$

$$\frac{dQ_n}{dt} = f_n(Q_1, Q_2, \cdots, Q_n)$$

式中，Q_1，Q_2，$\cdots$，Q_n 分别为 1，2，$\cdots$，n 个要素的特征；t 为时间；f_1，f_2，$\cdots$，f_n 表示相应的函数关系。

公式表明，系统任一要素随时间的变化是系统所有要素的函数，即任一要素的变化会引起其他要素的变化以至整个系统的变化。

系统的相关性原则对现代化管理工作的指导意义在于以下三个方面。

（1）在实际管理工作中，当人们想要改变某些不合要求的要素时，必须注

意考察与之相关要素的影响，使这些相关要素得以相应的变化。通过各要素发展变化的同步性，可以使各要素之间相互协调与匹配，从而增强协同效应，以提高管理系统的整体功能。

（2）管理系统内部诸要素之间的相关性不是静态的，而是动态的。要素之间的相关作用是随时间变化的，因此必须把管理系统视为动态系统，在动态中认识和把握系统的整体性，在动态中协调要素与要素、要素与整体的关系。现代化管理的实质就是把握管理要素在运动变化情况下，有效地进行组织调节和控制，以实现最佳效益的过程。

（3）管理系统的组成要素，既包括系统层次间的纵向相关，也包括各组成要素的横向相关。协调好各要素的纵向层次相关和要素之间的横向相关，才能实现系统的整体功能最优。

1.2.3 目的性

"目的"是指人们在行动中所要达到的结果和意愿。系统的目的性是人们根据实践的需要而确定的，人造系统是具有目的性的，而且通常不是单一的目的性。例如企业的经营管理系统，在限定的资源和现有职能机构的配合下，它的目的就是为了完成或超额完成生产经营计划，实现规定的质量、品种、成本、利润等指标。

由于复杂系统是具有多目标和多方案的，当组织规划这个错综复杂的大系统时，常采用图解方式来描述目的与目的之间的相互关系，这种图解方式称为目的树，如图1-1所示。

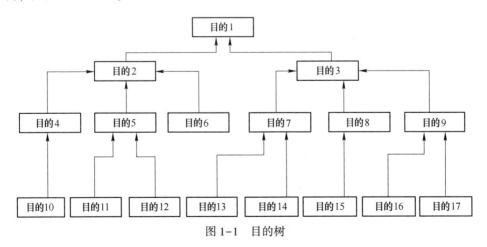

图1-1 目的树

从图1-1中可看出，要达到目的1，必须完成目的2和目的3；要达到目的2，必须完成目的4、目的5和目的6；以此类推。这可明显地看出在一个复杂系统内所包括的各项目的，即从目的 1 到目的 17，层次鲜明，次序明确，相互影响，而又相互制约。通过图解，可对目的树各个项目的目的进行分析、探讨和磋商，统一规划和协调。

系统的目的性原则要求人们正确地确定系统的目标，从而运用各种调节手段把系统导向预定的目标，达到系统整体最优的目的。现代化管理的目标管理（Management By Objectives，简称 MBO），就是在系统目的性原则指导下，使企业适应市场变化，将经营目标的各项管理工作协调起来，完善经济责任制，体现现代企业管理的系统化、科学化、标准化和制度化。

1.2.4 环境适应性

环境是指存在于系统以外事物（物质、能量、信息）的总称，也可以说系统的所有外部事物就是环境。所以，系统时刻处于环境之中，环境是一种更高级的、更复杂的系统，在某些情况下它会限制系统功能的发挥。

环境的变化对系统有很大的影响，系统与环境是相互依存的，系统必然要与外部环境产生物质的、能量的和信息的交换，因此，系统必须适应外部环境的变化。能够经常与外部环境保持最佳适应状态的系统才是理想的系统，不能适应环境变化的系统是难以存在的。一个企业必须经常了解同行业企业的动向、用户和外贸的要求、市场需求等环境信息，并从许多经营方案中选取最佳决策，否则它就不能生存。系统所处的环境又是系统的限制条件，或者输入输出称为约束条件。环境对系统的作用表现为对系统的输入，系统在特定环境下对输入进行工作，就产生了输出，把输入转变为输出，这就是系统的功能。系统又可理解为把输入换为输出的转换机构，如图 1-2 所示。

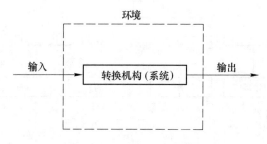

图 1-2 系统与环境的关系

从辩证唯物主义关于客观事物发展中外因与内因辩证关系的原理出发，决不能认为系统能够脱离环境而独立存在，它是处于与环境的密切联系之中，既要通过环境的输入受到环境的约束，又要通过对环境的输出而对环境施加影响。由于客观事物的发展要经过量变到质变的过程，所以当系统处于量变阶段时，系统与环境之间的关系是相对稳定的，这就表现为系统对于环境的适应性。因此，从本质上说，系统对于环境的适应性，可以说是系统稳定性在系统外部关系上的表现。

系统与环境因素是密切交织的，在确定系统的具体环境因素时，往往会遇到一定的困难，这就是如何明确系统与环境的边界问题。边界就是把系统和环境分割开的设想界线，它并不是严格不变的。例如，若以某企业及其活动作为一个经营系统，则系统主要包括的是人力、资金、厂房、原材料和设备等，环境主要包括的是用户、竞争者或协作者、政府法令、市场信誉、污染以及技术发展水平等。这些因素究竟是划归系统还是划归环境，划归的比例是多少，需要按所解决的问题来确定。例如，对于技术发展水平来说，当考虑到投入产出率时应划归到系统内部，而在考虑科学技术对经济发展的影响时则应划归到环境。

可以通过系统的转换机构与环境对系统的输入以及系统对于环境输出的相互关系，对系统进行内部描述和外部描述。通过输入与输出来描述系统变量的方法，称为系统的外部描述。"黑箱理论"就是在系统外部描述的基础上发展起来的一种考察系统的方法。根据黑箱理论，可以将系统内部状态认识不清的复杂对象看作是一个黑箱，把外部对它的作用看作是输入，而把它对外部的作用看作是输出。通过研究任何一个"黑箱"输入和输出的相互关系，即使不知道这个"黑箱"的内部状态，也可以按照输入和输出的情况来预测"黑箱"的行动。

系统的内部描述，就是通过系统的状态变量来描述输入与输出的一种考察系统的方法。以工业企业的生产系统为例，企业的生产要靠来自环境的资源（人力、物力、财力）等输入因素，通过生产转换机构为市场提供各种产品和服务，既可通过资源等输入因素以及产品等输出因素的变动情况来分析企业的生产情况（外部描述），也可根据企业的生产情况来分析资源的输入状态并预测企业的生产产量（内部描述）。

坚持环境适应性原则，就是说不仅要注意系统内各要素之间相关性的调节，而且要考虑系统与环境的关系，只有系统内部关系和外部关系相互协调、统一，才能全面地发挥出系统的整体功能，保证系统整体向最优化方向发展。

1.3 系统理论概述

系统思想的出现彻底地改变了人们的思维方式，使人们在向宏观世界和微观世界的进军中，逐步揭示出客观事物的本质联系和内部规律，提出了一系列的系统理论。

1.3.1 一般系统论

一般系统论的创始人是奥地利生物学家贝塔朗菲（L. Von. Bertalanffy）。他在

1947 年提出一般系统论时，曾明确地把马克思和恩格斯的辩证法列为一般系统论的思想来源之一。

贝塔朗菲在论述一般系统论的原理时指出，把孤立的各组成部分的活动性质和活动方式简单地相加，不能说明高一级水平的活动性质和活动方式。不过，如果了解各组成部分之间存在的全部关系后，则高一级水平的活动就能从各组成部分推导出来。因此，为了认识事物的整体性，既要了解其各组成部分，更要了解它们之间的关系。

一般系统论来源于机体论，这是一种与机械论相对立的生物学理论。贝塔朗菲认为机械论有三个错误观点：其一是相加的观点，就是把有机体分解为各要素，并以简单相加来描述有机体的功能；其二是"机械"观点，把生命现象简单地比做机器，认为"人即机器"，其三是被动反应的观点，认为有机体只有受到刺激时才能出现反应，否则便静止不动。贝塔朗菲指出，这种机械论的观点完全不能正确地解释生命现象。他总结了机体论发展的成就，把协调、秩序、目的性等概念用于研究有机体，提出了下列三个基本观点。

（1）系统观点。即指一切有机体都是一个整体（系统）。这个整体是由部分结合而成的，其特性和功能不只是各部分特性和功能的简单相加的总和。系统就是"相互作用的诸要素的复合体"，系统的性质取决于复合体内部特定的关系，不仅要知道它的组成要素，而且还必须知道它们之间的相互关系，才能确定出系统的性质。

（2）动态观点。即指一切有机体本身都处于积极的运动状态。一切生命现象始终处于积极活动的状态，生物的基本特征是组织，有机体之所以能有组织地处于活动状态并保持其活力的生命运动，是由于系统与环境不断地进行物质与能量的交换。这种能与环境进行物质和能量交换的系统被称为开放系统，生命系统本质上都是开放系统。任何一个开放系统，都能在一定条件下保持其自身的动态稳定性。

（3）等级观点。即指各种有机体都按严格的等级组织起来。生物系统层次分明、等级森严，通过各层次逐级的组合，形成越来越高级、越来越庞大的系统。处于不同层次上的要素都具有不同功能，而处于同一层次的事物，尽管形态各异，但都具有类似的结构和功能。系统就是由结构和功能组成的统一体。同一等级的结构具有同一等级的功能，而不同等级的结构则表现出不同等级的功能。系统的等级观点正是系统结构等级与功能等级统一的反映。

一般系统论有着十分广泛的含义。贝塔朗菲在论述这门学科性质和任务时指出：一般系统论是一门新学科，属于逻辑和数学的领域，它的任务是确立适用于各种系统的一般原则，既不能局限在"技术"范围内，也不能被当作一种数学理论来对待，因为有许多系统问题不能用现代数学求出解答，而要从系统观点来认识和分析客观事物。一般系统理论用相互关联的综合性思维来取代分析事物的分散思维，突破了以往分析方法的局限性。它的任务是确定认识和分析各种系统的一般原则，为解决各种系统问题提供新的研究方法。运用一般系统论，可以帮助人们摒弃那种用简单方法来解决复杂系统问题的习惯，如实地把对象作为一个有机整体来加以考察，从整体与部分相互依赖、相互制约的关系，揭示系统的特征和运动规律。

一般系统论的研究领域十分广阔，几乎包括一切与系统有关的学科和理论，如管理理论、运筹学、信息论、控制论、科学学、哲学、行为科学等，它给各门学科带来新的动力和新的研究方法，它沟通了自然科学与社会科学、技术科学与人文科学之间的联系，促进了现代化科学技术发展的整体化趋势，使许多学科面貌焕然一新。一般系统论为系统工程的发展，使人类走向系统时代奠定了理论基础。

1.3.2 控制论

控制论是 20 世纪 40 年代末期开始形成的一门新兴学科。第二次世界大战期间，由于自动化技术、导弹和电子计算机的发展，要求自然科学在理论上进行系统研究和科学总结。1948 年，美国数学家维纳总结了前人的经验，创立了控制论这门学科。

控制论的定义曾有过各种表达方式，但其基本概念则相差无几。维纳把控制论定义为"关于在动物和机器中控制和通讯的科学"；钱学森教授将其定义为"控制论的对象是系统"；"为了实现系统自身的稳定和功能，系统需要取得、使用、保持和传递能量、材料和信息，也需要对系统的各个构成部分进行组织"；"控制论研究系统各个部分如何进行组织，以便实现系统的稳定和有目的的行为"。由此可见，控制论是研究系统调节与控制的一般规律的科学，它是自动控制、无线电通信、神经生理学、生物学、心理学、电子学、数学、医学和数理逻辑等多种学科互相渗透的产物。

控制论的发展过程大致分为三个阶段：20 世纪 50 年代末期之前为第一阶段，称为经典控制论阶段；20 世纪 50 年代末期~70 年代初期为第二阶段，称为现代控制论阶段；20 世纪 70 年代初期~现在为第三阶段，称为大系统理论阶段。经典控制论主要是研究单输入和单输出的线性控制系统的一般规律，它建立了系统、信息、调节、控制、反馈、稳定性等控制论的基本概念和分析方法，为现代控制理论的发展奠定了基础，它研究的重点是反馈控制，核心装置是自动调节器，主要应用于单机自动化；现代控制论的研究对象是多输入和多输出系统的非线性控制系统，其中重点研究的是最优控制、随机控制和自适应控制，主要应用于机组自动化和生物系统；而大系统理论的主要研究对象是众多因素复杂的控制系统（如宏观经济系统、资源分配系统、生态和环境系统、能源系统等），研究的重点是大系统的多级递阶控制、分解-协调原理、分散最优控制和大系统模型降阶理论等。

在实际应用中，有关控制理论的具体内容主要有以下几方面。

（1）最优控制理论。最优控制理论是现代控制论的核心。在现代社会发展、科学技术日益进步的情况下，各种控制系统的复杂化与大型化已越来越明显。不仅系统技术、工具和手段更加科学化、现代化，而且各类控制系统的应用技术要求也越来越高。这促使控制论进入多输入和多输出系统控制的现代化阶段，由此而产生了最优控制理论。这一理论是通过数学方法，科学、有效地解决大系统的设计和控制问题，强调采用动态的控制方式和方法，以满足各种多输入和多输出系统的控制要求，实现系统最优化。最优控制理论主要是在工程控制系统、社会控制系统等领域得到广泛的应用和发展。

（2）自适应、自学习和自组织系统理论。自适应控制系统是一种前馈控制系统。所谓前馈控制，是指环境条件还没有影响到控制对象之前就进行预测而去控制的一种方式。自适应控制系统能按照外界条件的变化，自动调整其自身的结构或行为参数，以保持系统原有的功能，如自寻最优点的极值控制系统、条件反馈性的简单波动自适应系统等。随着信息科学和现代计算技术的发展，自适应系统理论得到进一步完善和深化，并逐步形成一种专门的工程控制理论。自学习系统就是系统具有能够按照自己运行过程中的经验来改进控制算法的能力，它是自适应系统的一个延伸和发展。自学习系统理论也是用于工程控制的理论，它有"定式"和"非定式"两个方面。前者是根据已有的答案对机器工作状态做出判断，由此来改进机器的控制，使之不断趋近于理想的算法。后者是通过各种试探、统计决策和模式识别等工作来对机器进行控制，使之趋近于理想的算法。自组织系统就是能根据环境变化和运行经验来改变自身结构和行为参数的系统。自组织系统理论的主要目标是通过仿真，模拟人的神经网络或感觉器官的功能，探索实现人工智能的途径。对自组织系统理论的研究在 20 世纪 60 年代就已经成为控制论的重要领域，从控制论观点讲，系统不仅能被组织，而且又是能够自组织的。对自组织系统的新模型的探索和研究，将给组织系统的控制、人工组织系统、组织与有机体系统的控制，带来很大的影响和变革。

（3）模糊理论。模糊理论是在模糊数学（包括模糊代数、模糊群体、模糊拓扑等）的基础上形成的一种新型的数理理论，主要是用来解决一些不确定型的问题。我们知道，在现实社会中，存在着大量不够明确的信息和含糊的概念，人们只能根据经验对事物进行估计、推理和判断。因此，在一个复杂系统中，往往就有一些不确定型的问题需要处理。对此，仅用一般的数学模型和计算机是难以完成的，必须根据模糊数学来求得解决问题的结论。

（4）大系统理论。大系统理论是现代控制论最近发展的一个新的重要领域，是以规模庞大、结构复杂、目标多样、功能综合、因素繁多的各种工程或非工程的大系统自动化问题作为研究对象。大系统理论的研究和应用涉及工程技术、社会经济、生物生态等许多领域，例如城市交通系统、社会系统、生态环境保护系统、消费分配系统、大规模信息自动检索系统等，尤其在生产管理系统方面，如生产过程综合自动化管理控制系统、区域电网自动调节系统、综合自动化钢铁联合企业系统等。大系统理论所要研究的问题，主要是大系统的最优化。

目前，控制论已经形成了以理论控制论为中心的四大分支，即工程控制论、生物控制论、社会控制论（包括管理控制论、经济控制论）和智能控制论。它横跨工程技术系统、生物系统、社会系统和思维领域，并不断地向各门学科渗透，促进了自然科学和社会科学的紧密结合。

1.3.3 信息论

信息论是一门研究信息传输和信息处理系统中一般规律的学科。它起源于通信理论，是 1948 年由美国科学家申农提出的。信息论可分为狭义信息论与广义信息论。狭义信息论研究通信控制系统中信息传递的共同规律，以及如何提高信息传输系统的有效性和可靠性。广义信息论是利用狭义信息论观点来研究一切问题的理论，它研究机器、生物和人类对于各种信息的获取、变换、传输、存储、处理、利用和控制的一般规律，设计和制造各种智能信息处理和控制机器，以便部分模拟和代替人的功能，从而提高人类认识和改造客观世界的能力。

信息论的基本思想和特有方法完全撇开了物质与能量的具体运动形态，而把任何通信和控制系统看作是一个信息的传输和加工处理系统，把系统的有目的的运动抽象为一个信息变换过程，通过系统内部的信息交流才使系统维持正常的有目的性的运动。任何实践活动都可简化为多股流：即人流、物流、财流、能流和信息流等，其中信息流起着支配作用。通过系统内部的信息流作用，才能使系统维持正常的有目的的运动，它调节着其他流的数量、方向、速度、目标，并按着人和物进行有目的、有规律的活动。因此，信息论可以说是控制论的基础。

人们通常把消息、资料、数据、情报、指令看作信息。如果从信息论严格的科学观点看，并非任何消息都是信息，而是那些事先不知道其结果的消息才是信息。所以，信息论提出者申农把信息定义为"不确定度的减小"。为此，他又提出信息量的概念，信息量就是把某种不确定度趋向确定的一种量度，对信息进行数学定量化描述。

如果某事物具有 n 个独立的可能状态 x_1，x_2，$\cdots$，x_n，每一状态出现的概率分别为 $P(x_1)$，$P(x_2)$，$\cdots$，$P(x_n)$，且 $\sum P(x_i) = 1$，则为了消除这些不确定性所需的信息量为

$$H(x) = -K \sum_{i=1}^{n} P(x_i) \log_a P(x_i)\,(i = 1,\ 2,\ \cdots,\ n)$$

当对数的底数 a 取为 2 时，且 $n = 2$，$P(x_1) = P(x_2) = 1/2$ 时，令

$$H(x) = -K \sum_{i=1}^{n} P(x_i) \log_a P(x_i) = 1$$

信息量的单位称为比特（bit），这时 $K = 1$。所谓 1 比特信息量，就是含有两个独立等概率可能状态的事物所具有的不确定性被全部消除所需要的信息。在此单位制下，上式可写成

$$H(x) = -\sum_{i=1}^{n} P(x_i) \log_2 P(x_i)$$

维纳曾指出："信息量是一个可以看作几率的量的对数的负数，实质上就是负熵"。所以，信息量和熵（无序）意义相反，表示的是系统获得信息后无序状态被减少甚至被消灭的程度。

目前，信息论已经超过通信领域而广泛渗透到其他学科领域，特别是进入对大系统和复杂系统领域的信息研究，需要从更为广泛的领域来探求一般特征、规律和原理，形成更为一般性的理论，这就导致信息科学的产生。信息科学是以信息论为基础，与计算机和自动化科学技术、生物学、数学、物理学等科学相连而发展起来的新兴学科，它所研究的领域要比信息论的范围更广。信息科学的出现将把信息论的研究和应用推向更高的阶段、更新的范畴，为进一步提高人类认识和改造世界的能力，开辟了新的途径。

1.3.4　耗散结构理论

20 世纪 70 年代，比利时物理学家普利高津（I. Prigogine）提出了"耗散结构"学说，这也是一种系统理论。耗散结构的概念是相对于平衡结构的概念提出来的。长期以来，在物理学中人们只研究平衡系统的有序稳定结构，并认为倘若系统原先是处于一种混乱无序的非平衡状态时，是不能在非平衡状态下呈现出一种稳定有序结构的。普利高津从热力学第二定律出发，通过研究非平衡态热力学，指出：一个远离平衡态的开放系统，在外界条件变化达到某一特定阈值时，量变可能引起质变，系统通过不断地与外界交换能量与物质，就可能从原来的无序状态转变为一种时间、空间或功能的有序状态，这种远离平衡态的、稳定的、有序的结构被称为"耗散结构"（Dissipative Structure）。这个学说回答了开放系统如何从无序走向有序的问题，这一成就获得了诺贝尔奖。

在这一理论中，普利高津着重阐述以下几个基本观点。

1.3.4.1　开放系统是产生耗散结构的必要前提

以普利高津为首的布鲁塞尔学派认为，系统按其与外界环境的关系，可以区

分为三大类：孤立系统、封闭系统和开放系统。

孤立系统是与外界环境没有任何物质、能量和信息交换关系的系统。严格地说，世界上不存在真正的孤立系统，只有近似的孤立系统。封闭系统只与外界有能量交换，开放系统是一种与外界自由地进行物质和能量、信息交换的系统。输入食物、燃料、建材和信息，输出各种产品和废料的城市，就是一个典型的开放系统。

在孤立系统中，因不能与环境交换物质、能量和信息，所以只能按照热力学第二定律，自动地走向无序化。封闭系统只能在低温条件下形成"死"的有序结构，如晶体。在温度低时，其分子呈有序排列，当温度逐渐达到一定阈值以后，就会由有序结构变为无序结构。只有在开放系统中，才能从与外界物质、能量和信息的交换中不断获得负熵流，使系统向有序化发展。

根据耗散结构理论，任何一个系统熵的变化 d，都是由两部分组成，即

$$ds = des + dis$$

式中，第一项 des 是系统与外界交换物质、能量和信息引起的熵流；第二项 dis 是系统内部自发产生的熵，对任何系统而言，系统熵一般为正，即 $ds \geq 0$。

在孤立系统中，由于没有与外界环境交换物质、能量和信息引起的熵流 des，只有系统内部自发产生的熵 dis。根据热力学第二定律 ds 永远是非负的。而在开放系统中，要使系统的熵不增加，即令

$$ds = des + dis = 0$$

必须保证 $$des = - dis$$

即不断给系统以足够的负熵流。如果要使系统向有序化发展，必须继续加大负熵流，减少系统的总熵，即令

$$des > dis$$

开放系统不仅是耗散结构形成的前提，同时也是耗散结构得以维持和存在的基础。因为耗散结构实质上就是远离平衡态的非线性系统，是通过与外界不断地交换物质、能量、信息来维持的一种动态有序结构。为了保持这种结构，这种交换就一刻也不能停止，一旦把系统孤立起来，系统失去了与外界进行交换的条件，这种结构很快就会瓦解。所以，要使一个系统产生和保持耗散结构，必须首先为系统创造充分开放的条件，使其成为远离平衡态的开放系统。

1.3.4.2 非平衡态是有序之源

普利高津认为，开放系统是耗散结构形成的必要条件，但不是充分条件。他指出："一个开放系统并没有充分的条件保证出现这种结构"，耗散结构只有在系统保持"远离平衡"的条件下，才有可能出现。"非平衡是有序之源"，

这是普利高津研究问题的一个基本出发点。这里所说的"非平衡态",是指系统远离平衡态的状态,平衡态和近平衡态都被排除在外。因为在平衡态和近平衡态线性区,系统是处于稳定状态或趋于稳定状态,总的倾向是趋于无序或趋于平衡。

这里应当强调指出的是,耗散结构与平衡结构是有着本质差别且截然不同的两种结构。平衡结构是一种"死"的结构,或者说是一种静态的稳定结构,它的存在不依赖于外界。这种结构形成后,只有将系统孤立起来,设法使它与外界隔绝,才能保持不变。例如,只有将冰块放入保温桶内,才不致融化。而耗散结构是一种"活"的结构,或者说是一种动态的稳定结构,它是一种远离平衡态的稳定态。这种结构只有在开放和非平衡条件下才能形成,只有在系统与外界保持连续不断的物质、能量、信息交换的过程中才能维持,它的存在强烈地依赖于外部条件。所以,耗散结构是系统的一种非平衡态。正是这种非平衡,才使系统产生和具备了与外界进行物质、能量、信息交换的势能和要求,为此,欲使系统形成耗散结构,必须设法驱动开放系统越出平衡态区和近平衡态线性区,到达远离平衡态的非线性区域。

1.3.4.3　涨落导致有序

普利高津非常重视随机涨落在耗散结构形成过程中的作用,提出了"涨落导致有序"的观点。所谓涨落,是指系统的某个变量或某种行为对平均质的偏离。涨落是偶然的、随机的、杂乱无章的,在不同状态下有不同的作用。在平衡态和近平衡态,涨落是一种破坏稳定性的干扰,起消极作用。在远离平衡态,它是系统由不稳定状态形成新的稳定有序状态的杠杆,起着积极的建设性作用。当系统处于远离平衡态时,随机的小涨落可以通过非线性的相关作用和连锁效应被迅速放大,形成系统整体上的"巨涨落",从而导致系统发生突变,形成一种新的稳定有序状态。此时,涨落对耗散结构的形成起了一个触发和激化的作用,即偶然的随机涨落为耗散结构的形成提供了良好的条件。

普利高津曾用一个循环图式来描述系统的结构、功能和涨落之间的关系,如图1-3所示。它们相互联系而又相互作用,导致"来自涨落的有序",即由于涨落被放大,破坏旧序的稳定性,并且通过与外界交换物质、能量和信息,使新序获得最终的稳定。普利高津认为,涨落可能引起功能的局部改变,如果缺乏适宜的调节机制,这种(涨落)局部改变会引起整个系统结构的改变,反过来,这又决定未来涨落的范围。因此,结构通过涨落规定和主导着功能;而功能通过涨落,又影响和改变着结构。在系统物质世界的发展过程中,结构和功能通过涨落形成结构决定功能、功能改变结构的无限动态序列。

普利高津在研究涨落与进化的过程时,还引入非线性微分方程的分支数学理

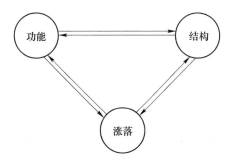

图1-3 系统的结构、功能和涨落之间的关系

论，对耗散结构演化过程进行定量描述，这种演化过程可用图1-4所示的多级分支图表示。

图1-4中，x为系统的某一特征量，例如是化学反应系统中某一成分的浓度。λ为某一物理量，例如控制化学反应的一个参数。当系统离开平衡状态不远时（近平衡区），即影响系统的参数又数量不大时，可以得出单一热力学分支a。当λ超过某一阈值λ_1时，在B点之后会出现2个分支，得到3个解：b_1、b_2和b_3。其中b_1和b_3是稳定解，b_2是不稳定解，稳定解用实线表示，不稳定解用虚线表示。到达λ_2以后，又可以得出c_1、c_2、c_3等稳定解和不稳定解，以此类推。在各分支点之后，则出现新的结构。在分支点附近，系统有几种状态可供选择，究竟哪一种状态成为现实，完全依赖于涨落和控制参量的改变方式。

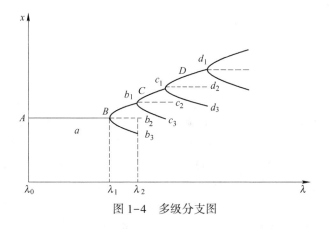

图1-4 多级分支图

耗散结构理论是综合性理论，具有普遍科学方法论的性质，是科学、技术、经济、管理等领域用以解决一系列综合问题的方法论工具。它表明以物质、能量和信息为基本要素的复杂系统，可以用一种普遍适用的概念和规律来描述，如有序、涨落、失稳、分支等。耗散结构理论推进了系统自组织理论的发展，对系统科学的发展具有重要理论意义。

1.3.5 协同学理论

协同学（Synergetics）的创始人是德国著名理论物理学家赫尔曼·哈肯（Harmann Haken）。与耗散结构理论一样，协同学也是研究远离平衡态的开放系统在保证外流的条件下，如何能够自发地产生一定的系统有序结构或动能行为的一门新兴学科。它以现代科学理论中最新成果（信息论、控制论、突变理论）作为基础，汲取了耗散结构理论的论点，采用统计力学的考察方法来研究开放系统的行为。

协同或称协作，即协同作用之意。协同学理论强调协同效应，协同效应是指在复杂大系统内，各子系统的协同行为产生出的超越各要素自身的单独作用，从而形成整个系统的统一作用和联合作用。协同作用是任何复杂系统本身所固有的自组织能力，是形成系统有序结构的内部作用力。"协同导致有序"是这一理论的高度概括。

哈肯认为，各种复杂系统都是分别由大量的诸如电子、原子、分子、细胞、动物、植物和人以及各种社会成分等子系统组成的。任何一个包括有大量子系统的复杂系统，在与外界环境有物质、能量、信息交换的开放条件下，通过各子系统之间的非线性的相关作用，就能产生各子系统相互合作的协同现象，使系统能够自动地在宏观上产生空间、时间或功能的有序结构，出现新的稳定状态。

自组织原理是协同学理论的核心，它反映了复杂系统在演化过程中，如何通过内部诸要素的自行主动协同来达到宏观有序的客观规律，协同学理论正是在研究各类自组织现象所遵从的这种共同规律的基础上产生和发展起来的。协同学原理指出，在一定的外部能量流和物质流输入的条件下，系统会通过大量子系统之间的协同作用，在自身涨落力的推动下达到新的稳定，形成新的时间、空间或时空有序结构。系统演化的这种过程，称为自组织。对自组织的含义，哈肯特别强调它是指系统在没有外部指令的条件下，其内部子系统之间能够按照某种规则，自动形成一定的结构和功能，它具有内在性和自主性。正如哈肯在 1976 年发表的《协同学导论》中所举例说明的那样，在一个工人集体中，如果每个工人按照经理发出的外部指令以一定的方式活动时，那么就称它为组织，或更准确地讲，它有组织的功能。如果经理不发出外部指令，工人们会按照互相默契的某种规程，各尽其责地协调工作，能很好地完成任务，就称其为自组织的功能。这充分说明了自组织的演化过程是开放系统中大量子系统集体的、自发的、自动的协同合作效应，它是系统自身内部矛盾运动的结果。

协同学理论所研究的从无序到有序的临界转变，深刻地反映了自然界和人类社会不断发展与演化的机制。这种理论不仅对自然科学的研究做出了一定的贡献，而且近年来对现代经济管理、城市规划、系统工程等方面的研究，愈来愈显示出它的重要作用，成为系统科学的重要理论基础。

1.3.6 突变理论

1972 年，法国著名数学家托姆（Rene Thom）发表了一份重要的研究成果，题为《结构稳定性和形态形成学》。该成果的问世，标志着突变理论（Catastrophe Theory）的诞生。突变理论是从量的角度研究各种事物的不连续变化，并试图用统一的数学模型来描述它们。人们已知道自然界存在着两种基本的变化方式，一种是连续变化，另一种是不连续的飞跃。对于前者，人们早已掌握了描述其变化过程的数学工具，即微分方程。对于后者，人们则可用概率论和离散数学来进行解析。使科学家们感到最为棘手的是那些介于连续变化和飞跃之间的变化，它们既不能用微分方程来处理，又不能将它们当作完全离散的过程来研究，而这类变化在物理学、化学、生物学、心理学乃至社会科学中却又是十分常见的。例如，影响物相变化的一些因素（如温度、压强）都是连续变化的，但是当这些连续变化的量一旦达到某些关节点（沸点、熔点）时，却可以引起物相不连续的变化。像这一类的问题，困难并不在于处理那些纯粹连续变化或纯粹不连续的过程本身，而在于摸清连续变化和不连续变化的关系。长期以来，由于缺乏描述这种过程的数学理论，因此，人们一直不理解自然界那些连续变化会引起突然性变化的一般机制。

突变论以结构稳定性理论为基础，通过对系统稳定性的研究，说明了稳定态与非稳定态、渐变与突变的特征及其相互关系，广义地回答了为什么在客观事物的发展过程中，有的是渐变，有的则是突变，从而揭示了突变现象的规律和特点。托姆认为，自然界或人类社会中，任何一种运动状态都有稳定态与非稳定态之分，在微小的偶然扰动因素作用下，仍然能够保持原来状态的是稳定态，一旦受到微扰就迅速离开原先状态的则是非稳定态。非稳定态不能固定保持，因为实际上偶然的微扰就是不可避免的，所以它总是不断地变动着，直至达到某一稳定态才告结束。因此，从非稳定态向稳定态变化，是客观世界运动变化的一种普遍趋势。突变论指出，事物的各种状态，包括稳定态与非稳定态，是相互交错的，在外部控制因素的影响下，事物既可以处于稳定态，也可以处于非稳定态。状态随控制因素变动的函数图形可以分为单值区域和多值区域。在单值区域，一定的控制因素对应于唯一确定的稳定态；在多值区域，一定的控制因素对应于若干个状态，其中既有稳定态，也有非稳定态。状态变化的函数图形，又可分为稳定区域、非稳定区域和两者的分界线（临界曲线）。如果状态开始处于稳定区域，在控制因素连续变动时，状态也随之连续变化，当控制因素变动到一定阈值时，状态就会达到稳定区域与非稳定区域的临界曲线。这时虽然不再变动控制因素，但由于微扰不可避免，状态自然会迅速离开临界曲线，跳跃式的变化到某一新的稳定态，这就是突变。

　　突变理论出现以后，被迅速应用到自然科学各个领域中。目前突变理论在社会科学中的应用还刚刚开始，但人们发现它是一种在方法论上有重要意义的数学分析工具，可尝试用来说明经济危机、市场行情变动、预测股市动向等问题。随着突变理论的完善和发展，它在各个领域的应用会更加广泛和深入，人们对于系统结构演化的方式和规律也将有进一步的认识。

2 系统工程概述

系统工程（Systems Engineering，简称 SE）是在 20 世纪中期才开始兴起的一门新兴实用学科，是软科学的重要组成部分。它不仅是一门综合性很强的实用技术科学，也是一种现代化的组织管理技术。目前已被广泛应用于国民经济各个部门，成为制订最优规划、实现最优管理的重要方法和工具，在社会主义现代化建设中，发挥出十分重要的作用，并取得显著的成果。

2.1 系统工程的基本概念

2.1.1 系统工程的定义

到目前为止，由于观点不同，国内外著名的系统工程学家对系统工程有各种不同的解释，从不同角度有着不同的理解，下面引述一些国内外具有代表性的定义。

（1）"系统工程认为，虽然每个系统都是由许多不同的特殊功能部分所组成，而这些功能部分之间又存在着相互关系，但是每一个系统都是完整的整体，每一个系统都有一定数量的目标。系统工程则是按照各个目标进行权衡，全面求得最优解的方法，并使各组成部分能够最大限度地相互协调。"（［美］切斯纳，1967 年）

（2）"系统工程是为了更好地达到系统目的，对系统的构成要素、组织结构、信息流动和控制机构等进行分析与设计的技术。"（日本工业标准 JIS8121，1967 年）

（3）"系统工程是用来研究具有自动调整能力的生产机械，以及像通讯机械那样的信息传输装置、服务性机械和计算机械等的方法，是研究、设计、制造和运用这些机械的基础工程学。"（［美］莫顿，1967 年）

（4）"系统工程是应用科学知识设计和制造系统的一门特殊工程学。"（美国质量管理学会系统委员会，1969 年）

（5）"系统工程是为了合理进行开发、设计和运用系统而采用的思想、步骤、组织和方法等的总称。"（［日］寺野寿郎，1971 年）

（6）"系统工程是一门把已有学科分支中的知识有效地组合起来用以解决综合化的工程技术。"（《大英百科全书》，1974 年）

（7）"系统工程是一门研究复杂系统的设计、建立、试验和运行的科学技

术。"(《苏联大百科全书》，1976 年)

（8）"系统工程与其他工程不同之点在于它是跨越许多学科的科学，而且是填补这些学科边界空白的一种边缘科学。因为系统工程的目的是研制系统，而系统不仅涉及工程学的领域，还涉及社会、经济和政治等领域。为了适当解决这些领域的问题，除了需要某些纵向技术以外，还要有一种技术从横的方向把它们组织起来，这种横向技术就是系统工程，亦即研究系统所需的思想、技术、手法和理论等体系化的总称。"（［日］三浦武雄，1977 年）

（9）"把极其复杂的研制对象称为系统，即由相互作用和相互依赖的若干组成部分结合成具有特定功能的有机整体，而且这个系统本身又是它所从属的一个更大系统的组成部分。……系统工程则是组织管理这种系统的规划、研究、设计、制造、试验和使用的科学方法，是一种对所有系统都具有普遍意义的科学方法。"（钱学森等，1978 年）

总之，系统工程是用科学的方法规划和组织人力、物力、财力，通过最优途径的选择，使人们的工作在一定期限内收到最合理、最经济、最有效的效果。所谓科学的方法，就是从整体观念出发，通盘筹划，合理安排整体中的每一个局部，以求得整体的最优规划、最优管理和最优控制，使每个局部都服从一个整体目标，做到人尽其才、物尽其用，以便发挥整体的优势，力求避免资源的损失和浪费。

2.1.2　系统工程的特点

2.1.2.1　系统工程与传统工程技术的主要区别

系统工程与其他各门工程技术一样，是以改造客观世界，使其符合人类需要为目的的，都要从实际条件出发，运用基础科学和技术科学的基本原理，都要考虑经济因素和经济效益。但是系统工程的对象、任务、方法以及从事系统工程活动所需要的知识结构，与传统工程技术相比，既有共同之处，又有明显区别，主要区别有：

（1）概念不同。传统工程技术的"工程"概念，是指把自然科学的原理和方法应用于实践，设计和生产出诸如机床、电机、仪表、建筑物等有形产品的技术过程，可将它看成是制造"硬件"的工程；系统工程的"工程"概念，是指不仅包含"硬件"的设计与制造，而且还包含与设计和制造"硬件"紧密相关的"软件"，诸如规划、计划、方案、程序等活动过程，所以称它是"软件的工程"。这样就扩展了传统的"工程"的含义，给系统工程的"工程"赋予了新的研究内容，因而它被誉为"工程的工程"。

（2）对象不同。传统工程技术都是把各自特定领域内工程物质对象作为研制对象和目标，有具体的、确定的对象；而系统工程则是以"系统"为研究的对象，不仅把各种工程技术的物质对象包括在内，而且把社会系统、经济系统、管理系统等非物质对象也包括在内。这样，系统工程的研究对象是一个表现为普遍联系、相互影响、规模和层次都极其复杂的综合系统。

（3）任务不同。传统的工程技术是用来解决某个特定专业领域中的具体技术问题，而系统工程的任务是解决系统的全盘统筹问题，这就是通过系统工程的活动，妥善解决系统内部各分系统、各要素之间的总体协调问题，同时涉及系统与自然环境、社会环境、经济环境的相互联系等问题。

（4）方法不同。传统工程技术所用的方法是在明确目标后，根据条件采用可能实现目标的方法，提出不同方案进行设计，试制出原型，经试验后最终达到生产和建设的目的。而系统工程在解决各种系统性问题的过程中，采用一整套系统方法：

1）包括一系列的系统工程观念，如整体观念、价值观念、综合观念、优化观念和评价观念等；

2）有完整的解决问题的程序，即明确问题、设置系统目标、系统方案综合、模型化、决策和实施；

3）运用电子计算机，增强逻辑判断能力和人工模拟能力，对系统进行定量分析和计算，从而为解决复杂系统问题提供有效手段和工具。所以，系统工程的目标是实现系统的整体优化。

（5）人员素质不同。从事系统工程活动的人员，不仅有工程技术人员参加，而且还吸收社会科学工作者和其他行业的人员参加。此外，系统工程人员应具有的素质是：有强烈的系统观点，在任何时刻、任何环境下，都能坚持用系统观点和方法研究和处理问题；应是"T"型人才，即一方面知识较广，另一方面要具备较深的专业知识；应有丰富的想象力和创造力，善于发现问题，并能及时提出较多的可行方案；善于沟通，促进主管人员、设计人员以及各方面的有关人员相互协作；熟悉环境动向，掌握部门之间的信息交流。

2.1.2.2 系统工程的一般特点

（1）研究思路的整体化。系统工程研究思路的整体化，就是既把所要研究的对象看成是一个系统整体，又把研究对象的过程看成是一个整体。这就是说，一方面对于任何一个研究对象，即使它是由各个不相同的结构和功能部分所组成的，也都要把它看成是一个为完成特定目标而由若干个要素有机结合成的整体来处理，并且还应把这个整体看成是它所从属的更大系统的组成部分来考察、研究；另一方面，把研究对象的研制过程也作为一个整体来对待，即以系统的规划、研究、设计、制造、试验和使用作为整个过程，分析这些工作环节的组成和联系，从整体出发来掌握各个工作环节之间的信息以及信息传递路线，分析它们的控制、反馈关系，从而建立系统研制全过程的模型，全面地考虑和改善整个工作过程，以实现整体最优化。

（2）应用方法的综合化。系统工程强调综合运用各个学科和各个技术领域内所获得的成就和方法，使得各种方法相互配合，达到系统整体最优化。系统工程对各种方法的综合应用，并不是将这些方法进行简单的堆砌叠加，而是从系统的总目标出发，将各种相关的方法协调配合、互相渗透、互相融合综合运用。

（3）组织管理上的科学化、现代化。系统工程研究思路的整体化要求管理上的科学化，其应用方法综合化要求管理上的现代化。由于系统工程研究的对象在规模、结构、层次、相互联系等方面高度复杂，综合应用日益广泛，这就使得那种单凭经验的小生产方式的经营管理不能适应客观需要。因此，没有管理上的科学化和现代化，就难以实现研究思路上的整体化和应用方法的综合化，也就不能充分发挥出系统的效能。管理科学化就是要按科学规律办事，它能涉及的内容极其广泛，包括对管理、组织结构、体制和人员配备的分析，工作环境的布局、程序步骤的组织，以及工程进度的计划与控制等问题的研究。管理现代化就是指符合事物发展的客观规律，符合自己国家需要，而且证明行之有效的最新管理理论、思想、组织和方法手段，它比旧的一套方法更合理、更有效，更能促进生产力的发展和生产关系的完善。

2.1.3　系统工程的形成与发展

系统工程是在第二次世界大战期间，为适应军事需要而形成的。它的萌芽阶段，可以追溯到 20 世纪初的泰罗管理制度。泰罗从合理安排工序、提高工作效率入手，研究了管理活动的行为与时间的关系，探索了科学管理的基本规律；到了 20 世纪 20 年代，逐步形成"工业工程"，它主要研究生产在空间和时间上的管理技术。40 年代以后，运筹学进入了管理领域，它所要解决的问题，是在给定的条件下，对管理工作进行合理筹划，以达到预期的最优效果；运筹学问题的求解，需要通过复杂的运算。进入 50 年代以后，由于电子计算机的投入使用，运筹学得到了广泛的运用，也为系统分析提供了方法，从而产生了"系统工程"的概念。其实，早在 1940 年美国贝尔电话公司研究美国微波通信网络时，为缩短科学发明及投入应用的时间，在全国电信网中首先采用了新技术，从而提出了"系统工程"的名称。直到 1957 年，美国人谷德和麦克尔合著出版了第一本以《系统工程》命名的专著，才标志着这门新兴学科的产生。60 年代，系统工程得到了迅速的发展。但是，系统工程真正被人们重视是从美国"阿波罗登月计划"开始的。"阿波罗登月计划"的全部任务分别由地面、空间和登月三部分组成，是一项复杂庞大的工程计划。它不仅涉及火箭技术、电子技术，涉及冶金、化工、通信、计算机等多种技术，而且为了把人安全地送上月球，还需要了解宇宙空间的物理环境以及月球本身的构造和形状。参与研制的科研单位与企业约 2 万多家，涉及 40 多万人，研制的零件达百万件，耗资约 300 亿美元，历时 11 年之久。为了完成这个计划，除了考虑各部分之间的配合和协调工作外，还要在制定计划时估算各种未知因素可能带来的种种影响。这样一些千头万绪的工作、千变万化的情况，靠一个"总工程师"或"总设计师"的智慧和实际经验是无法应付的，也就是这样复杂的总体协调任务不可能靠一个人来完成。因为一个人不可能精通整个系统所涉及的全部专业知识，他也不可能有足够的时间来完成数量惊人的技术协调工作，这就要求一个总体规划部门，运用一种科学的组织管理方法，综合考虑、统筹安排来解决这些问题。这种科学的组织管理方法，就是系统工程。自然，系统工程的一些概念和观点早就有了，可以说它是在 20 世纪 50 年代中期逐步形成的，60 年代由于在实际运用中取得显著效果，发挥了很大作用，才引起世界各国的普遍重视。此后又不断发展，从而奠定了现代系统工程的基础。

系统工程是人类社会生产实践和科学技术发展的必然产物，它的形成与发展是有一定的历史背景和条件的。

（1）近年来在自然界、社会、政治、经济管理等各个方面，组织上日趋复杂，出现了综合性很高的相互制约和相互联系的系统，它突破了区域性、行业性、学科性的界限，成为一类具有独特性质的问题。每个部门为了达到自己的目的，就必须从总体的立场出发，综合而系统地掌握它与外界的关系。从整体最优的立场出发，不仅要调整各个部门之间的关系，而且各个部门要从整体来考虑自己的行动。因此，过去使用的比较狭隘、孤立的方法已经不能解决问题，而要求有一种能适应这种新情况的新方法，这就是一种从系统的角度去观察、思索、分析、解决问题的方法。这种要求就是产生系统工程的客观基础。

（2）随着现代应用数学、计算技术和计算方法的发展，已经形成现代化技术体系，这使大型复杂问题的最优化决策成为可能，从而促进了系统工程的发展。

（3）随着通信技术和信息科学的不断发展，使社会生产过程和整个经济过程的各个环节，能够有机、迅速地联系起来，效率大大提高，并能发挥更大的潜力。同时，由于电子计算技术的高度发展，使信息的收集、存储、处理、传送的能力大幅度提高，缩小了空间和时间的限制。这使人们有可能较全面地掌握、处理和传送大量信息，在较短期内对综合性的复杂问题做出判断和决策，推动了系统工程的发展。

我国系统工程的发展与国外相比，起步并不晚，最早有系统、有组织地应用系统工程是从 20 世纪 60 年代初航天事业开始的。当时我国在导弹研制过程中成立了总体设计部，负责导弹的研制、生产、试验和运用的组织管理工作，同时推行了国际上已经应用的计划协调技术（也称网络计划技术）等一些系统工程的方法。但是，更大规模的研究和应用系统工程是从 70 年代中期才开始的。

　　20 世纪 70 年代中期，我国一些著名科学家已开始注意到系统工程在我国的发展和应用，其中以钱学森等人于 1978 年 9 月在《文汇报》上发表的《组织管理的技术——系统工程》一文影响最大。这篇文章对系统工程做了全面的描绘，指出系统工程是一门组织管理技术，把传统的组织管理工作总结成科学技术，并使之定量化，以便运用数学方法，并从整个系统科学体系论述了系统工程所处的地位。这就为我国系统工程统一认识打下一定的基础。

2.1.4　系统工程的应用范围

　　系统工程的应用几乎遍及社会、经济和工程技术的各个方面，现仅以 15 个重要方面简要说明其应用范围。

　　（1）社会系统工程。组织管理社会主义建设的技术称为社会系统工程，它的研究对象是整个社会、整个国家。这是一个巨系统，因此具有多层次、多区域、多阶段的特点。在研究方法上一般采用多级递阶结构来处理。

　　（2）经济系统工程。研究宏观的社会经济系统问题，如经济发展战略、经济战略目标体系、经济指标体系、计划综合平衡、投入产出分析、消费结构分析、投资决策分析、经济政策分析、资源最优利用等。

　　（3）区域规划系统工程。从系统工程的角度来考察区域经济及其今后的发展，亦即将一定地域空间的社会再生产总过程—生产、分配、交换、消费作为考察的对象系统，着重揭示对象系统与自然-经济-社会-环境系统的相互影响或作用，以及在一定时期内将会发生怎样的变化。在此基础上，根据国民经济系统的发展目标、区域内外环境系统现有的和潜在的发展条件和制约，确定出对象系统的发展目标，进而对区域经济系统作系统分析，提出实现发展目标的各种对策方案。研究的范围有：区域投入产出分析、区域城镇布局和发展规划、区域资源最优利用、城市规划、城市管理、公共交通管理等。

　　（4）生态系统工程。研究大气生态系统、大地生态系统、森林与生物生态系统、城市生态系统等的系统分析、规划、建设、防治等方面的问题。

　　（5）能源系统工程。研究能源合理结构、能源需求预测、能源供应预测、能源生产优化模型、能源合理利用模型、节能规划等。

　　（6）农业系统工程。研究农业发展战略、农业综合规划、农业区域规划、农业政策分析、农业结构分析、农业投资规划、农产品需求预测、农作物合理布局等问题。

　　（7）工业管理系统工程。研究工业动态发展规划和模型、工业系统储存模型、生产管理系统、计划管理系统、质量管理系统、成本核算系统、管理系统的预测和决策等。

（8）运输系统工程。研究铁路运输规划、铁路调度系统、公路运输规划、公路运输调度系统、航运规划及调度系统、空运规划及调度系统、综合运输规划、运输优化模型等。

（9）水资源系统工程。研究河流综合利用规划、城市供水系统、农田灌溉系统、水能利用系统、防洪规划、水运规划等。

（10）工程项目管理系统工程。研究工程项目的总体设计、可行性研究、工程进度分析、工程进度管理、工程质量管理、可靠性分析等。

（11）科学管理系统工程。研究科学技术发展战略、科学技术预测、科学技术长远发展规划、科学技术评价、科技管理系统、科技人才规划和科技队伍组织等问题。

（12）智力开发系统工程。研究人才需求预测、人才拥有量模型、人才规划模型、教育规划模型、人才素质和结构模型等问题。

（13）人口系统工程。研究人口总目标、人口系统数学模型、人口预测模型、人口政策分析、人口系统仿真、人口系统控制等。

（14）法治系统工程。运用系统科学的观点和方法，研究法治系统效率的提高与法治系统结构的关系，探讨法律制定与执行系统、监督系统、反馈系统等的作用；着重于应用现代科学技术的最新成果，加强法治实践，发挥法治的最大功能，以期取得最佳的法治效果。

（15）军事系统工程。研究国防战略、作战模拟、参谋系统、大型武器研究系统、后勤保障系统、军事运筹学等问题。

2.2 系统工程的技术内容

系统工程综合了工程技术、应用数学、社会科学、管理科学、计算机科学、计算技术等专业学科的内容，它以多种专业学科技术为基础，同时又为研究和发展其他学科提供了共同的途径。系统工程不是孤立地运用各门学科的技术内容，而是把它们横向联系起来，综合利用这些学科的基础理论和方法，形成一个新的科学技术体系。系统工程所涉及的学科内容极为广泛，主要的技术内容有如下五个方面。

2.2.1 运筹学

运筹学是一门应用学科，它主要研究的内容是在既定条件下对系统进行全面规划，用数量化方法（主要是数学模型）来寻求合理利用现有人力、物力和财力的最优工作方案，统筹规划和有效地运用，以期达到用最少的费用取得最大的效果。

运筹学的具体程序，大致可归纳为五个步骤。

第一步，收集资料，归纳问题。大量收集所要处理问题的现象和有关数据资料，经归纳提炼后，确定问题的性质、特征和类别。

第二步，建立相应的模型。用第一步获得的资料，建立各种相应的数学模型。

第三步，求解模型。有关运筹学问题的求解往往需要复杂的计算，目前，由于高功能电子计算机的发展，已研制出多种软件有利于模型的求解。

第四步，检验和评价模型的解。利用模型进行判断、预测，并对各种结果进行比较，以确定出最优值（极值）。

第五步，参考所获得的最优值，做出正确的决策。

可以看出，运筹学是系统工程重要的技术内容，它为系统工程的发展和应用奠定了重要的技术基础。运筹学的主要分支有：规划论、对策论、库存论、决策论、排队论、可靠性理论、网络理论等。

2.2.1.1 规划论

规划论是研究对有限资源进行统一分配、全面安排、统筹规划，以取得最好效果的一种数学理论。其研究的问题一般可归纳为：一是对一定数量的资源合理安排，以完成可能实现的最大任务；二是用尽可能少的资源，完成给定的任务。规划论的作用是：在满足既定条件下，按照某一衡量指标，从各种可行方案中寻求最优方案，为科学决策提供可靠依据。规划论通常把具体问题所必须满足的条件或既定要求称为约束条件；把衡量指标称为"目标函数"，反映所要达到的目标。因此，一般规划问题的数学表达就表现为求目标函数在一定约束条件下的极值（最大值或最小值）问题。规划论的方法主要包括：线性规划、非线性规划、动态规划等。

（1）线性规划。线性规划是运筹学中比较成熟、比较重要的组成部分，应用范围极为广泛。它是研究在线性约束条件下，使一个线性目标函数最优化（极大化或极小化）的数学理论和方法。应用线性规划的数学理论和方法，能够确切地解释和合理地处理由人员、设备、物资、资金、时间等要素所构成的系统的统筹规划问题，因此它在系统工程中能够广泛地应用于经营计划、交通运输、工程建设、能源分配、生产安排等方面。

（2）非线性规划。非线性规划是研究目标函数或约束条件的变量关系不完全是线性的一种数学规划问题的理论和方法。在实际工作中，有很多定量问题很难采用线性规划来求解，如工程设计、生产过程控制等，只能应用非线性规划来寻求最优方案，以便达到预期的最佳效果。由于非线性规划的求解难度较大，应用范围较窄，因此，在实际应用上没有线性规划那样普及、广泛。

（3）动态规划。动态规划是研究具有时间性的多阶段规划问题，使总效果最优的数学理论和方法，主要用于解决多级决策过程的最优化问题。所谓动态，是指所考虑的规划问题与时间有关。多级决策过程是指将系统运行过程分为若干相继的阶段，而对一个策略空间的每个阶段分别做出决策。动态规划在经营管理系统中，适用于解决设备更新、存储运输等规划问题。

2.2.1.2 对策论

对策论又称为博弈论，它运用数学方法，研究有利害冲突的双方在竞争性活动中是否存在一方制胜他方的最优策略，研究如何找出这些策略的问题。随着对策论的不断发展，不仅考虑只有双方参加的竞争活动，还考虑有多方参加的活动。在这些活动中，参加者不一定是完全对立的，还允许他们结成某种同盟。对策论的思路对解决实际问题很有启发，过去它在军事上应用较多，现在应用的范围日趋广泛。

2.2.1.3 库存论

库存论是研究物资最优储存量的理论和方法。在经营管理工作中，为了保证生产系统的正常运转，往往需要对原材料、零配件、器材、设备等各类物资确定必要的储备量。例如，在生产管理中，要根据最佳生产批量，确定原材料、在制品、成品的最优储存量等；在物资管理中，要确定最高与最低储存量、经济订购量、库存量等。库存论实质上是研究"最优储存量"的问题，也就是研究在什么时间、以多少数量、从何种供应来源补充所需要的物资储备，以便使库存数量和采购总费用为最少。

2.2.1.4 决策论

决策论是研究决策问题的基本理论和方法。其主要研究内容是：通过对系统状态信息的处理，并对这些信息可能选取的策略、采取这些策略对系统状态所产生的后果进行综合研究，以便按照某种衡量准则，选择出一个最优策略。决策理论大致可分为传统决策理论和现代决策理论两类。传统决策理论是建立在安全逻辑基础上的一种封闭式的决策模型，它把决策人看作是具有绝对理性的"经济人"，决策时会本能地遵循最优化原则来选择实施方案。现代决策理论则不然，它的核心是"令人满意"的决策原则。现代决策理论认为，现代人头脑能够思考和解答问题的容量，要比复杂问题本身渺小得多，在现实社会中，要采用客观的、很合理的举动是很困难的，要取得绝对最优化的决策更是不可能的。因此，运用现代决策理论进行决策时，必须对各种客观因素和各种可能采取的策略以及这些策略可能造成的后果加以综合研究，并确定出一套切合实际的衡量准则，才能使人们按照这些衡量准则，选取一个满意的策略。

2.2.1.5 排队论

排队论是一种用来研究用于公用服务系统工作过程的数学理论和方法。在这个系统中，服务对象何时到达及其占用系统的时间长短，均无法事前预知，是一种随机聚散现象。排队论通过对每个个别的随机服务现象的统计研究，找出这些随机现象平均特性的规律，从而改进服务系统的工作能力。

2.2.1.6 可靠性理论

可靠性理论是研究系统可靠性的基本理论和数学方法。在给定的时间、区间和规定的运用条件下，一个实体系统（设备、部件或元件）有效地执行其任务的概率，称为系统装置的可靠性。对任何正常工作的系统，尤其是在自动化控制系统中，都必须有一定的可靠性。一般来讲，实体系统越庞大，所用的零件或元器件越多，则可靠性就越差，系统整体的可靠性决定于各单元可靠性的调整。因此，对于庞大、复杂和价格昂贵的系统，如通信系统、精密机床自动加工系统、电子计算机系统等，都必须把可靠性研究作为系统技术评价的重要内容。

2.2.1.7 网络理论

网络理论是利用网络图，把庞大复杂的工程项目的各个环节合理地衔接起来，使之相互协调，以实现工程项目在时间和费用上达到最优目标的一种理论和方法。网络理论的研究着眼于整体系统，即将整体工程中各个环节的相互联系与时间关系组成统一的网络形式，清晰地反映整个工程的主要矛盾、关键环节和各种工作顺序。通过网络图的绘制和网络时间计算，可以预计影响进度和资源利用的各种因素，做到统筹规划、合理安排和使用资源，从而保证顺利地完成工程项目的预定目标。网络理论主要应用于大型、复杂的工程系统，但它的应用范围正在日益扩大。在大多数情况下，应用网络理论来处理庞大的工程系统的组织问题，必须以电子计算机作为运算工具和手段。网络理论不仅是运筹学的一个重要分支，它在系统工程实践中，已发展成为一门新兴的组织管理技术，对系统工程的推广应用起着重要的促进作用。

2.2.2 概率论与数理统计学

概率论是研究大量偶然事件基本规律的学科，广泛应用于概率型模型的描述。

数理统计学是用来研究取得数据、分析数据和整理数据的方法。

2.2.3 数量经济学

数量经济学是我国经济学的一门新学科，它是在马克思主义经济理论的指导下，在质的分析基础上，利用数学方法和计算技术，研究社会主义经济的数量、数量关系、数量变化及其规律性。这一学科的主要内容有：国民经济最优计划和最优管理、资源的最优利用问题、远景规划中的预测技术、储备问题的经济数学分析、经济信息的组织管理和自动化体系的建立等。

2.2.4 技术经济学

技术经济学是一门兼跨自然科学和社会科学，同时研究技术与经济两个方面的交叉学科。它用经济的观点，分析、评价技术上的问题，研究技术工作的经济效益。它既要研究科技进步的客观规律性，考虑如何最有效地利用技术资源促进经济增长，又要分析和评价技术工作经济效果，从而实现技术上先进和经济上合理的最优方案，为制定技术政策、确定技术措施和选择技术方案提供科学的决策依据。

2.2.5 管理科学

管理科学是在20世纪初形成的。1911年，泰罗在总结了他几十年的管理经验和泰罗制的有关管理理论的基础上，出版了《科学管理原理》一书，从而开创了"科学管理"的新阶段。科学管理理论在20世纪初得到广泛的传播和应用。但是从科学管理的理论和内容中可以看出，当时泰罗所解决的问题只涉及生产作业方面的有关问题，还没有注意到管理组织和管理职能之间的相互关系，即尚未涉及管理系统化方面的有关问题，但它毕竟加强了生产过程中的现场管理，从而为系统化管理准备了条件，奠定了基础。其后，法约尔（法国）、韦伯（德国）、甘特（美国）、吉布尔雷斯夫妇（美国）、福特（美国）等人有关管理的理论，为科学管理的发展、巩固和提高做出了杰出的贡献。

第二次世界大战后，由于运筹学、工业工程以及质量管理等理论的出现和应用，形成了新的管理科学。一方面，它强调建立数学模型和定量分析以及应用电子计算机技术，从而为实现现代化管理提供了技术、方法和工具；另一方面，从梅奥、巴纳德等人为代表的心理学家、社会学家和企业家等，以"霍桑试验"为起点，把心理学、社会学、人类学等科学分支应用到企业管理领域，形成了一个重要的学科分支—行为科学理论。这一理论的特点在于侧重对人的研究，研究人与人关系（人群关系），研究对人的管理问题。与此同时，还出现了其他一些现代管理理论，其中主要有社会系统理论、系统管理理论、权变理论、管理过程理论等。这些新理论的形成，使企业管理从"科学管理"阶段逐步地过渡到"管理科学"阶段。

管理科学的形成，促进了系统工程的进一步发展。由于系统工程思想和方法在现代化管理中的具体运用必须在管理科学的基础上才能实现，从而使管理走向管理体制的合理化、经营决策的科学化、管理方法的最优化、管理工具的现代化。

2.3 系统工程方法论

系统工程方法论（Methedology）是指在更高层次上，指导人们应用系统工程的思想、方法和各种准则去处理问题。就是分析和解决系统开发、运作及管理实践中的问题所应遵循的工作程序、逻辑步骤和基本方法。它是系统工程思考问题和处理问题的一般方法和总体框架。

2.3.1 霍尔三维结构

霍尔三维结构是由美国学者 A·D·霍尔（A·D·Hall）等人在大量工程实践的基础上，于 1969 年提出的，其内容反映在可以直观展示系统工程各项工作内容的三维结构图中，具体如图 2-1 所示。霍尔三维结构集中体现了系统工程方法的系统化、综合化、最优化、程序化和标准化等特点，是系统工程方法论的重要基础内容。

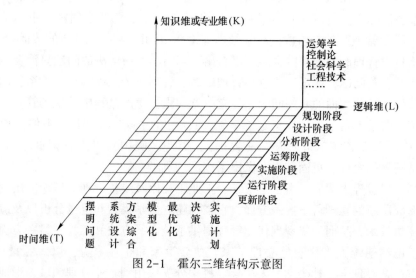

图 2-1 霍尔三维结构示意图

2.3.1.1 时间维

时间维表示系统工程的工作阶段或进程。系统工程工作从规划到更新的整个过程或寿命周期可分为以下七个阶段：

（1）规划阶段。根据总体方针和发展战略制定规划。

（2）设计阶段。根据规划提出具体计划方案。

（3）分析或研制阶段。实现系统的研制方案，分析、制定出较为详细而具体的生产计划。

（4）运筹或生产阶段。运筹各类资源及生产系统所需要的全部"零部件"，并提出详细而具体的实施和"安装"计划。

（5）系统实施或"安装"阶段。把系统"安装"好，制定出具体的运行计划。

（6）运行阶段。系统投入运行，为预期用途服务。

（7）更新阶段。改进或取消旧系统，建立新系统。

其中规划、设计与研制阶段共同构成系统的开发阶段。

2.3.1.2 逻辑维

逻辑维是指系统工程每阶段工作所应遵从的逻辑顺序和工作步骤，一般分为以下七个步骤：

（1）摆明问题。同提出任务的单位对话，明确所要解决的问题及其确切要求，全面收集和了解有关问题的历史、现状和发展趋势的资料。

（2）系统设计。即确定目标并据此设计评价指标体系。确定任务所要达到的目标或各目标分量，拟定评价标准。在此基础上，用系统评价等方法建立评价指标体系，设计评价算法。

（3）系统综合。设计能完成预定任务的系统结构，拟定政策、活动、控制方案和整个系统的可行方案。

（4）模型化。针对系统的具体结构和方案类型建立分析模型，并初步分析系统各种方案的性能、特点、对预定任务能实现的程度以及在目标和评价指标体系下的优劣次序。

（5）最优化。在评价目标体系的基础上生成并选择各项政策、活动、控制方案和整个系统方案，尽可能达到最优、次优或合理，至少能令人满意。

（6）决策。在分析、优化和评价的基础上由决策者做出裁决，选定行动方案。

（7）实施计划。不断地修改、完善以上六个步骤，制定出具体的执行计划和下一阶段的工作计划。

2.3.1.3 知识维或专业维

知识维或专业维表征从事系统工程工作所需要的知识（如运筹学、控制论、管理科学等）也可反映系统工程的专门应用领域（如企业管理系统工程、社会经济系统工程、工程系统工程等）。

霍尔三维结构强调明确目标，核心内容是最优化，并认为现实问题基本上都可归纳成系统工程问题，应用定量分析手段，求得最优解答。该方法论具有研究方法上的整体性（三维）、技术应用上的综合性（知识维）、组织管理上的科学性（时间维与逻辑维）和系统工程工作问题的导向性（逻辑维）等突出特点。

2.3.2 切克兰德方法论

随着应用领域不断扩大和系统工程不断发展，系统工程方法论也需要加以发展和创新。20 世纪 40~60 年代期间，系统工程主要用来寻求各种"战术"问题的最优策略、组织管理大型工程项目等。进入 70 年代以来，系统工程越来越多地用于研究社会经济的发展战略和组织管理问题，涉及的人、信息和社会等因素相当复杂，使得系统工程的对象系统软化，并导致其中的许多因素又难以量化。

为适应这种发展，从 70 年代中期开始，许多学者在霍尔方法论的基础上，进一步提出了各种软系统工程方法论。其中，在 80 年代中前期由英国兰切斯特大学 P. 切克兰德（P. Checkland）教授提出的方法比较系统且具有代表性。

P. 切克兰德认为，完全按照解决工程技术问题的思路来解决社会问题或"软科学"问题，会碰到很多问题。他提出的软系统工程的主要内容和工作过程如图 2-2 所示。

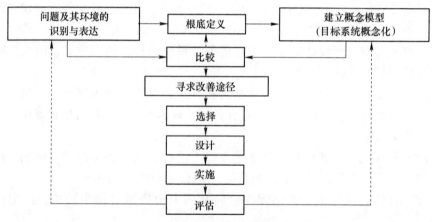

图 2-2　切克兰德方法论

（1）认识问题。收集与问题有关的信息，表达问题现状，寻找构成或影响因素及其关系，以便明确系统问题结构、现存过程及其相互之间的不适应之处，确定有关的行为主体和利益主体。

（2）根底定义。根底定义是该方法中较具特色的阶段，其目的是弄清系统问题的关键要素，为系统的发展及其研究确立各种基本的看法，并尽可能选择出最合适的基本观点。根底定义所确立的观点要能经得起实际问题的检验。

（3）建立概念模型。概念模型是来自于根底定义、通过系统化语言对问题抽象描述的结果，其结构及要素必须符合根底定义的思想，并能实现其要求。

（4）比较及探寻。将第一步所明确的现实问题（主要是归纳的结果）和第三步所建立的概念模型（主要是演绎的结果）进行对比。有时通过比较，也需要对根底定义的结果进行适当修正。

（5）选择。针对比较的结果，考虑有关人员的态度及其他社会、行为等因素，选择出现实可行的改善方案。

（6）设计与实施。通过详尽和有针对性的设计，形成具有可操作性的方案，并使得有关人员乐于接受和愿意为方案的实现竭尽全力。

（7）评估与反馈。根据在实施过程中获得的新的认识，修正问题描述、根底定义及概念模型等。

切克兰德方法论的核心是"比较"与"探寻"，它强调从"理想"模式（概念模型）与现实状况的比较中，探寻改善现状的途径，使决策者满意（化）。

通过认识与概念化、比较与学习、实施与再认识等过程，对社会经济等问题进行分析研究，这是一般软系统工程方法论的共同特征。

2.4　两种方法论的比较

霍尔兰维结构与切克兰德方法论均为系统工程方法论，均以问题为起点，具有相应的逻辑过程。在此基础上，两种方法论主要存在以下不同点：

（1）霍尔方法论主要以工程系统为研究对象，而切克兰德方法更适合于对社会经济和经营管理等"软"系统问题的研究。

（2）前者的核心内容是优化分析，而后者的核心内容是比较学习。

（3）前者更多关注定量分析方法，而后者比较强调定性或定性与定量有机结合的基本方法。

3 系 统 分 析

3.1 系统分析的基本概念

3.1.1 系统分析的含义

系统分析是从运筹学派生出来的一门实用科学。运筹学所能解决的问题只是在局部的、短期的、确定的情况下选择最优方案,一旦遇到复杂、不确定因素较多的组织管理问题,或者关系到全局的问题,在应用中就会受到一定的限制。为此,美国兰德公司组织有关专家研究出一种新的分析方法,与运筹学相比较能够对范围更广的系统进行分析,称为系统分析。近年来,这种分析方法的应用范围已扩展到现代化管理中来,在工业企业管理中,它常被用作经营管理的决策工具。特别是随着应用数学的发展与深化,以及大容量、高速度运算的电子计算机的出现,使系统分析发展到一个新的水平。

关于系统分析的概念,至今还没有一个比较完整和严谨的科学定义。一般认为,系统分析就是对一个系统内的基本问题,用系统观点思维推理,在确定和不确定的条件下,探索可能采取的方案,通过分析对比,为达到预期目标选出最优方案的一种辅助决策方法。也可以说,系统分析就是为决策者选择一个行动的方向,通过对情况的全面分析,对可能采取的方案进行选优,为决策者提供可靠的依据。但是,系统分析人员应当尽量避免自己成为决策者,也不应代替决策者进行决策。

在复杂的客观世界中,几乎任何事物都与其他事物相互联系着,而系统的思维推理方法就是把所要研究的对象理解为一个从周围环境中划分出来的整体。这个整体包括许多从属的分系统,这些从属的分系统是相互作用的,同时在整体中也受到其他从属分系统的制约。这个整体的作用只有在弄清楚所有分系统的相互作用时才能被理解清楚。当然,怎样来划分所要考虑的系统的边界,有时是不太容易做到的,但是我们仍然要确定出它的边界范围,来鉴定它的要素和组成部分。要在边界范围内进行分析,但不能对系统内影响整体的所有问题都进行分析和解决,而只是对这个整体起重要作用的基本要素进行分析,找出主要矛盾,解决主要矛盾。至于系统外部对系统所施加的影响也要注意,有哪些有关因素是在控制范围以内的,以及这些因素可能发生的结果都应调查清楚。

例如,分析和研究企业经营管理系统,可以从经营、生产、销售等各个角度来确定边界范围。在经营的边界范围中包括：经营观念、经营决策、经营方针、经营方法、经营组织等基本要素；在生产的边界范围中包括：生产观念、生产方式、质量观念等基本要素；在销售边界范围中包括：销售方法、销售组织等基本要素。通过边界的确定，对经营管理的过去情况和当前出现的新课题进行分析，以谋求经营管理的最优决策。

在系统分析时要运用逻辑推理。特别是探求系统分析的目标时，分析人员要追问一系列的"为什么"，直到问题取得圆满的答复为止，如表3-1所示。

表 3-1 系统分析推理

项目	提问	决定	对象
目的	为什么确定这个？	应是什么？	删除工作中不必要的部分
对象	为什么要找这个？	应找哪个？	
地点	为什么在这里做？	应在何处做？	合并重复的工作内容，考虑重新组合
时间	为什么在这时做？	应在何时做？	
人	为什么由此人做？	应由谁做？	
方法	怎样做？	怎样去做？	使工作简化

对于一个完善的分析，首先要明确分析的目的，只有通过对目的的全面了解，才能缩小范围，考虑有哪些真正可供选择的方案来达到我们的目标。系统分析是以系统观点明确所期望达到的目标，通过计算工具找出系统中各要素的定量关系，同时还要依靠分析人员的直观判断和经验的定性分析，借助这种互相结合的分析方法，才能从许多可行方案中选优。

3.1.2 系统分析的准则

系统是由很多要素组成的，由于系统内各个要素存在着相互依存的关系，而系统又处于动态发展之中，具有输入和输出的流动过程，而且整个系统内部与系统外部环境还要发生联系和矛盾，由于涉及面广，关系错综复杂，所以，在系统分析时，必须处理好这种复杂关系，特别是对复杂系统进行分析时，必须处理好下列各项关系：

（1）外部环境与内部条件相结合。系统的生存和发展是以外部环境为条件的，环境的变化对系统有着很大的影响。对系统外部环境进行分析和研究，在于弄清系统目前和将来系统所处环境的状况，而把握系统发展的有利条件和不利因素。所以在进行系统分析时，必须把系统内外部各种有关因素结合起来综合分析，才能实现方案的最优化。例如，企业的经营管理系统不仅受到企业内部各种因素，如生产类型、物流和信息流相互作用的影响，而且还受到社会、经济动向以及市场状况等外部条件的影响。这样，就必须将企业内部条件分析与外部环境分析两者密切联系，互相结合，作为制定管理决策的依据。

（2）当前利益与长远利益相结合。选择一个最优方案，不仅要从目前的利益出发，而且还要考虑到将来的利益。如果我们采用的方案，对当前和将来都有利，这样当然是最理想的方案。但是在现实经济生活中，当前利益和长远利益常常会出现矛盾，在处理这些矛盾时，要有长远的战略眼光，应以长远利益为重，兼顾眼前利益，力争把长远利益和当前利益结合起来，在服从长远利益的前提下，使当前利益的损失减少到最低程度。

（3）整体效益与局部效益相结合。一个系统是由许多分系统组成的，如果每个分系统的效益都是好的，则整体效益也会比较理想。但是，在实际工作中并非如此，有时会出现局部效益好，而整体效益不好的情况，显然这种方案是不可取的。相反，如果局部效益不好，但从整体看比较好，这种方案则是可取的。我们在系统分析中，要正确认识和掌握全局和局部的辩证关系，要胸怀全局，强调局部服从全局，局部只能在整体之内，不能居于全局之上。这并不是否认局部效益，也不是用全局效益来代替局部效益，全局是由所有的局部构成的，没有局部，当然无所谓全局，也就没有整体效益。局部必须由全局来统率、来决定，"皮之不存，毛将焉附"？没有全局，局部就从根本上失去存在的前提和保障，两者是相互依存的。一方面局部要服从于整体，围绕整体进行活动；另一方面，整体也要关心局部，照顾局部，支持局部，使它充满活力。

（4）定性分析与定量分析相结合。定性分析指的是对系统目标未来发展本质的、规律性的认识。它包括对系统目标过去、现在、将来发展过程性质的分析。定量分析是在明确了系统目标未来发展性质的基础上，对其发展过程、因素影响程度及各目标之间的比例关系，或相互制约关系的数学分析。定性分析多采用主观经验方面的判断分析方法，与数学上完善的定量分析相比显得粗糙、简单，但是，这种分析方法是人们长期实践经验的总结，是一种经过充分考虑后的分析。

定量分析方法有许多优点，但其应用也是有一定局限性的，主要表现在两个方面：一是对难以获得数据或没有原始数据的目标不能进行分析。社会、经济、管理领域的许多问题往往不可能用数学描述，因而也是无原始数据可供查询的。如新产品开发，某项经济、法律、科技政策对社会发展的影响；精神文明的变化趋势等等都很难甚至不可能用数学来描述。二是定量分析采用的数学模型来模拟现实系统，从而必须对现实系统进行简化和量化，这种简化和量化一方面必然会使数学模型的模拟，在某种程度上存在因素分析不充分，机理探讨不深入的问题，另一方面，由于时间的推移，那些原先被忽略的"次要"因素可能上升为关键而重要的主要因素。一旦如此，原来的数学模型就难以描述现实系统了。为此，在系统分析中，应做到"定性分析定量化"和"定量分析的定性化"，这样，我们在探索和分析各种系统对象时，应明确定性分析是定量分析的基础，定量分析是定性分析的量化和具体化。遵循"定性—定量—定性"的分析思路，使两者有机结合，才能取得满意的系统分析结果。

3.1.3 系统分析在管理中的应用

系统分析的应用范围较广，主要是以系统的整体效益为目标，考虑系统整体效益的最优化。系统分析工作的着重点应放在系统的发展规划方面，因为这是通盘筹划的阶段，在保证整个系统协调一致的前提下，对系统的输入、转换和输出进行平衡，从中选出满意的方案。

在系统分析时，不仅在技术经济范围内进行分析，而且要包括政策方面的、组织体制方面的、物流以及信息流等方面的分析。系统分析在管理中的应用范围有：

（1）制定管理系统规划方案。应对各种资源条件、统计资料和目标要求等，运用规划论的分析方法寻求优化方案。

（2）重大工程项目的组织和管理。要运用网络技术分析进行全面的计划协调和安排，以保证工程项目中各个环节密切配合，按期完成。

（3）选定厂址和确定工厂规模。应考虑到原材料的来源、能源、运输以及市场等客观条件与环境因素，进行技术论证，集思广益，制定出适合我国国情、技术上先进、生产上可行、经济上合理的最佳方案。

（4）新产品设计。应对新产品的使用目的、结构、功能、用料以及价格等进行价值工程分析，再根据分析结果来确定新产品最适宜的设计性能、结构、用料选择和市场能接受的价格水平。

（5）厂内的生产布局和工艺路线组织。要使人员、物资和设备等各种设施所需的空间做出最妥善的分配和安排，并使相互间能有效地组合和安全地运行，从而使工厂获得较高的生产率和经济效果。

（6）编制生产作业计划。运用投入产出法，使零部件投入产出平衡与生产能力平衡，确定出最合理的生产周期、批量标准和在制品的储备周期，并运用调度管理，安排好加工顺序和装配线平衡，实现均衡生产。

（7）库存管理。应用经济批量模型制定最佳储备点和进料点，压缩原材料与在制品的资金并降低成本。

（8）资金成本管理。对生产活动采取的技术改造和革新措施，要进行成本的盈亏分析，然后再决定采取哪一种措施或方案更为经济合理。

（9）质量管理。要运用工程能力指数、排列图、因果图和管理图等方法进行质量分析，提高工程质量的可靠性，控制产品质量，预防废品产生。

3.2 系统分析的基本要素

系统分析的基本要素有：目标、可行方案、模型、费用、效果和评价标准。

3.2.1 目标

对某一系统进行分析时，首先必须明确所要分析问题的目标。明确目标是系统分析的前提。确定目标在系统分析中的地位和重要性，很多人往往认识不足，考虑也很不周密，没有认识到确定目标的复杂性。如果没有目标，方案将无法确定，如果对目标不明确，匆忙地做出决策，就很可能导致决策的失误。目标又是根据所要研究的问题来确定的，这就要进行问题分析，问题分析的关键是界定问题。所谓界定问题，就是把问题的实质和范围准确地加以说明。系统分析人员一般认为：如果把一个问题说明得清清楚楚，等于问题已经解决了一半。

界定问题要全面考虑各方面的需要和可能，在需要方面除了考虑本单位的需要以外，还要考虑有关单位的需要，在可能方面，要考虑客观环境是否允许以及本单位的条件是否可能。当然，没有条件有时也可以创造条件，但创造条件也要有一定的基础，条件不是随意创造出来的。界定了问题之后，还不能立即确定目标，因为这样的目标太抽象，还抓不住要害。为使目标准确，就要对目标进行落实，也就是说目标必须具体化。在系统分析中常采取"目标-手段系统图"进行目标的结构分析，如图 3-1 所示。

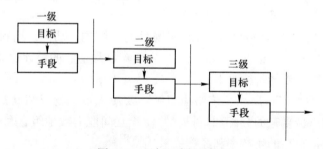

图 3-1 目标-手段系统图

目标-手段系统图就是把要达到的目标和所需要的手段（措施），按照系统层层展开，一级手段等于二级目标，二级手段等于三级目标，以此类推。这样层层分解下去，可以逐步明确问题的重点，并找出实现目标的手段和措施。

在系统分析时，常常会遇到随着工作的进展出现与原来目标相偏离的情况。这就要分析产生问题的原因，即要进行横向分析，也要进行纵向分析。横向分析，是指要从许多错综复杂的因素中找出主要因素。往往在复杂的情况下，一种现象的产生可能同时与多种因素有关，但其中必有一些是主要的因素。纵向分析，是指从表面的原因入手，通过各层次找出根本原因。然后，纠正偏差，确保预定目标的顺利实现。

此外，在实际分析中要考虑到时间、人力和费用的约束，并确定这些约束条件。确定目标的过程如图 3-2 所示。

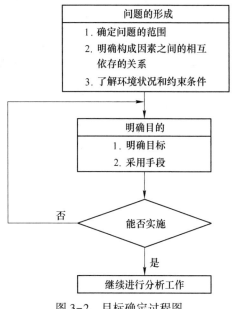

图 3-2 目标确定过程图

3.2.2 可行方案

一般情况下，实现某一目标，可采取多种手段和措施。这些手段和措施在系统分析中称为可行方案，或称为备选方案。拟定供选择的可行方案，可以说是系统分析的基础。一般来说．好与坏、优与劣，都是在对比中发现的，因此，只有拟订出一定数量和质量的可行方案供对比选择，系统分析才能做到合理。如果只拟定一个方案，就无法对比，也就难以辨认其优劣，故没有选择的余地，所以说，没有选择也就没有系统分析。为了在组织上保证在系统分析中采用多方案选择的措施实现，很多机构都成立常设的咨询系统，专门拟定和设计各种可行方案提供分析时选择。

简单的问题，可以很快地设想出几个备选方案，这些方案的内容一般都比较简单。但是对于复杂的问题，就很难立即设计出包括细节在内的备选方案，一般要分成两个步骤，第一步先进行轮廓设想，第二步再进行精心设计。

（1）轮廓设想。轮廓设想即从不同的角度和途径，设想出各种各样的可行方案，以便为系统分析人员提供尽可能多样性的方案。这一步骤的关键问题在于打破框框，大胆创新。拟定备选方案的人员能否创新，取决于这些人员坚实的知识基础和创新能力，更重要的是要具有敢于冲破习惯势力与环境压力的精神。这自然在组织工作中要为拟订方案的人打消顾虑，发挥出创造能力。

（2）精心设计。轮廓设想的好处在于可以暂时撇开细节，减少对创新设想的束缚，可是这一步所得的方案较粗，需要进一步精心地设计之后才有实用价值。精心设计主要包括两项工作，一是确定方案的细节，二是估计方案的实施结果。方案的细节如不确定下来，方案就无法付诸实施，如不估计方案的实施结果，方案的好坏就无法识别，最优选择也无法进行。方案的细节应该包括哪些方面，这要根据分析问题的性质而有所不同，很难确定出一份不变的清单。例如，如果是一项新的工程项目的方案，它的细节是物资条件、人力条件、运输条件、厂址选择、工艺选择、工程费用、投资效益、管理制度和工程进展阶段划分等等。如果是设立一个新的组织机构的方案，那么就要详细地确定人员编制、组织层次、干部来源、工作职责、规章制度等等。方案实施结果的估计要通过预测得出，预测是否准确，既取决于过去的经验和资料是否丰富，还与所采用的预测技术有关。目前，预测已形成一门学科，它也与系统分析有着密切的关系。

3.2.3 模型

模型是用以描述对象和过程某一方面的本质属性的工具，它是对现实系统抽象的描述。模型可将复杂的问题简化为易于处理的形式，同时还可以用简便的方式，在决策制定出来以前，就可以预测出它的结果。所以说模型是系统分析的主要工具。模型在系统分析中的作用如图 3-3 所示。

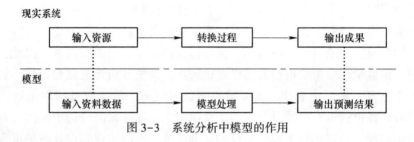

图 3-3 系统分析中模型的作用

3.2.3.1 模型特征

模型有三个主要特征：

（1）它是现实系统的抽象描述；

（2）它是由一些与所分析的问题有关的主要因素所构成；

（3）它表明这些有关因素之间的相互关系。

系统分析所采用的模型是多种多样的，系统模型的类型如表 3-2 所示。

表 3-2　系统模型的类型

分 类	模型名称
按总体分类	实物模型、概念模型
按构造分类	数学模型、逻辑模型、图形模型、模拟模型
按变量分类	确定型模型、不确定型模型
按分析对象分类	过程模型、状态变量模型、可靠性模型、时间模型、费用模型、经济模型、组织模型、计算机模型

3.2.3.2　模型分类

管理系统分析常用的模型有三类：概念模型、图形模型和数学模型。

（1）概念模型。这是在调查研究现实系统情况的前提下，对系统中的复杂因素及其相互关系进行逻辑思维、创造思维所提出的一种定性分析的思考模型，它可用语言、图表方式进行具体描述。

（2）图形模型。这是用图表形式抽象描述现实系统的一种图式模型。它可用各种图式如示意图、示形图、框图来表示实物系统的物质流程和信息流程，例如信息流程图、生产流程图、网络图等。

（3）数学模型。这是用数学方法描述系统变量之间相互作用和因果关系的模型。它是用各种数学符号、数值来描述工程、管理、技术、经济等系统中有关因素以及它们之间的数量关系，它是一种数学表达式。系统的数学模型按变量分，有确定型和不确定型两种。

1）确定型模型能对系统较为精确的定量描述，系统的变量性质都是固定值，通常能得到比较精确的结果；

2）不确定型模型具有不确定性，系统的变量性质是随机性的，要用概率方法处理，这类模型在经营管理系统中应用较为广泛。

以上三种不同形式的模型各有其特点，在实际应用时，经常交错使用，以发挥其各自的长处。使用模型的意义在于，它能摆脱现实的复杂现象，而不受现实中非本质因素的约束，模型比现实更容易理解，便于操作、试验、模拟和优化。特别是改变模型中的一些参数值，比在现实问题中要容易得多，从而节省了大量人力、物力、财力和时间。模型不能搞得太复杂，它既是反映实际，又要高于实际，应具有抽象的特征。如果模型把全部因素都包括进去，甚至和实际情况一样复杂，那就很难运用。因此，模型要反映系统的实质要素，尽量做到简单、经济和实用。

3.2.4　费用

用于方案实施的实际支出就是费用。故一般费用可用货币表示。但在决定对社会有广泛影响的大规模项目时，还要考虑到非货币支出的费用，因为其中有些因素是不能用货币尺度来衡量的。例如，对生态影响的因素，对环境污染的因素，对旅游行业影响的因素等等。

3.2.5 效果

效果就是达到目标所取得的成果。衡量效果的尺度，通常用效益和有效性来表示。效益是可以用货币尺度来评价达到目标的效果，有效性是用非货币尺度来评价达到目标的效果。效益又分为直接效益和间接效益两种。直接效益包括使用者所付的报酬，或由于提供某种服务而得到的收入。间接效益则指直接效益以外的，那些能增加社会生产潜力的效益，当然，这类效益是比较难以衡量的，但也应尽可能考虑到。

3.2.6 评价标准

衡量可行方案的优劣指标就是评价标准。通过评价标准对各个可行方案进行综合评价，确定出各方案的优劣顺序。评价标准要有一组指标作为基准。常用的指标有：劳动生产率指标、成本指标、时间指标、质量和品种改善指标、劳动条件改善指标以及特定效益指标等。

以上系统分析的六要素，可组成系统分析概念的结构图，如图3-4所示。

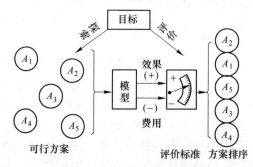

图3-4　系统分析概念结构图

从图3-4可看出，从明确实现目标开始，通过模型预测可行方案的效果和费用，然后依据评价标准进行评价，最后确定各方案的优劣顺序，供决策者选用。

3.3　系统分析的主要作业

系统分析的主要作业包括系统的模型化、系统最优化和系统评价。通过这三方面的研究，可对系统进行定性分析和定量分析，为制定管理决策提供科学依据。

3.3.1 系统的模型化

构造模型的过程称为系统的模型化。模型化是一种创造性的劳动，有人把构造模型看成是一种艺术的构思。模型化过程的好坏，对系统分析的效果有着很大的影响。因此，它是系统分析的重要作业。

在进行系统分析时，一般是将系统整体分解为若干分系统，这主要是为了使研究对象符合客观实际，有利于工作进行。当整个系统被分解为许多分系统以后，分析对象就成为一个个分系统。对每个分系统要分别构造模型，进行定量分析。由于模型的抽象性，因此构造出来的模型就有其广泛的适用性。但是，客观世界往往千变万化，日新月异，因此模型不可能一成不变，必须经常对现有模型做合理的修改，或者根据新的环境变化构造新的模型。

3.3.1.1 构成模型的变量

构造管理系统模型要考虑以下四类变量：

（1）决定变量。决定变量是能够决定数值的变量，亦即该变量表示的是可控因素的变量，设以 x 表示。

（2）环境变量。环境变量是不能够决定数值的变量，亦即该变量表示的是不可控因素的变量，它要考虑到系统所处的环境条件，设以 y 表示。

（3）结果变量。这是由决定变量 x 和环境变量 y 所决定的数值，设以 z 表示，该变量有部分因素是可控的。从数学的意义来说 z 是 x 和 y 的函数，用下式表示：

$$z = f(x, y)$$

（4）评价变量。此变量为评价结果变量好坏的评价尺度，设以 u 表示。评价变量 u 和结果变量 z 的关系可用下式表示：

$$u = g(z)$$

现举例说明四类变量的关系。设在某经营管理系统中，当需要量全部为不可控因素，此时需要量相当于环境变量 y。而决定变量 x 代表采购量（库存量），结果变量 z 为销售量，评价变量 u 代表利润。设销售单价为 a 元，采购单价为 b 元。此外，如果该商品有季节性特征，在某一定时间内如遇到滞销时，可以允许降低价格以 c 元全部卖出（$c < a$），这时销售量 z 可用下式表示：

当 $y \leqslant x$ 时，则 $z = y$

当 $y > x$ 时，则 $z = x$

以上二式可归纳写成下式：

$$z = \min(x, y)$$

此处，$\min(x, y)$ 表示取 x 和 y 二者之间的最小值。

评价变量代表的利润 u 则为：

$$u = az + c(x - z) - bx$$

式中，等号右边第一项是正常售价时的销售收入；第二项是在某一时期内剩余产品的销售收入；第三项为总采购费用。在此模型中随着需要量 y 的预测，为使利润增加，从而决定出采购量 x 值，因为它是可控因素变量。

3.3.1.2　构成模型的思路

在系统的模型化过程中，常应考虑以下一些构模思路：

（1）直接分析法。当系统比较简单和问题比较明确时，可按问题性质直接进行分析而构造模型，在经营管理系统分析中所运用的模型，多数是属于这种通过直接分析系统就可构造出来的模型。例如，资源分配模型、运输模型、库存模型、网络模型和经营模型等。直接分析法构造模型的步骤有：

1）明确目标；

2）用图示说明变量间的关系；

3）明确系统的约束和环境条件；

4）规定模型所用的符号、代号；

5）用数学符号、数学公式表达变量之间的关系；

6）简化数学表达式，并检查它是否代表所要分析的问题；

7）模型求解。

直接分析法存在的问题在于有些参数、数据不易确定，或者是模型建立后难以计算求解，因此往往需要对模型进一步加工修改，或者采用其他思路构造模型。

（2）计算机模拟法。有些系统是很复杂的，难于建立精确的数学模型，即使建立数学模型也不能得到满意的解答。对于这类系统可采用模拟方法求出近似最优解。所谓模拟，就是对实际情况的模仿。在运用这种方法分析现实系统时，先设计出一个与系统现象或过程相似的模型，然后通过模型间接地研究现实状况或过程的动态变化，也就是说，利用模型进行一系列的试验。这里说的试验称为模拟试验，首先给模型规定各种不同的输入条件，然后对模型的输出进行观察。通过观察，可了解到各种条件的变化对现实过程的实际影响。

计算机模拟法是指在电子计算机上对系统的模型进行试验，对系统的性能做出定量分析的过程。将需要模拟的对象，用编成语言程序的形式表达，输入到计算机内执行此程序，最后获得模拟模型执行的结果。随着计算机模拟研究工作的开展，目前已经研制出多种专用计算机模拟语言，常用的有：GPSS、DYNAMO、GASP、SIMSCRIPT 等。

（3）数据分析法。有些系统的结构性质不很清楚，但可对描述系统功能的数据加以分析，就能搞清楚系统的结构模型。这些数据有些是已知的，有些则可以按要求收集得到。例如，在生产管理中经常遇到某些产品出现质量问题，造成质量问题的影响因素很多，其中有些因素是可控的，有些却是难以控制或是不可控的。究竟这些因素与质量指标之间是什么关系，它们分别造成的影响大小是不很清楚的，这时，往往使用统计分析等方法来构造模型，并在此基础上进一步分析这些因素的相互作用。

（4）模型简化法。由于实际情况复杂和变化多端，在工作中，我们往往不能简单地套用现有的模型。例如，有时有些参数在这种场合容易取得，而在另一种环境时却难以得到，这时，要被迫改用其他形式的模型；有时在构造模型的过程中才发现所需要的某些数据没有得到，这时，要对模型进行修正，有时模型已经建立，但是由于模型复杂，或者求解太困难，这时，可以转换成较为简单的近似模型。因此，在构造模型时，可采用以下一些方法，对模型做适当简化。

合并变量。把有些性质类同的变量，合并成少数具有代表性变量，当然这样合并会带来一定的误差，在构造模型时应力求使误差减小。

改变变量性质。经常用的改变变量性质的办法有三种：有的变量也可以看成是常量；有的连续变量可看成是离散变量；有的离散变量可以看成是连续变量。

改变变量之间的函数关系。在数学中最常用的变量之间的函数关系是非线性的，由于对非线性的处理很困难，为了简化运算，多改用线性关系式来逼近求解，这样使模型构造过程大大简化。在随机性问题中，我们也常用一些熟知的概率分布函数，例如正态分布、指数分布等来代替不太好处理的概率分布函数。

改变约束条件。为了简化模型还可对变量的约束条件加以改变，增加一些约束，或者去掉一些约束。显然，增加约束条件后，求得的系统指标一般偏低，有时将这样求得的解称为保守解，而去掉一些约束条件后，求得的指标往往偏高，这时求得的解称为冒进解。显然它们都不一定是真正的解，但可以指示出解的范围，这对系统进行初步分析是起一定作用的。

通过模型所求得的数值，在实际运用中常会发现与实际不相符合，这是因为：第一，客观实际是经常变动和发展的，而分析所得到的结果，有时已经落后于现实；第二，在建立模型时所放弃的因素中，可能存在对现实系统有重要影响的因素，而这些因素在模型化过程中没有被考虑到；第三，难以估计人在系统中的作用，例如人的创造性和能动性等，第四，没有充分考虑和分析系统的环境因素。

3.3.2 系统最优化

系统最优化就是根据系统模型的求解而获得系统目标的最优解答。通常"最优"的含义是根据一些标准来判断的，因此有关判断标准的数量、程度不同，会得到不同的最优解答。系统目标的最优化，主要是指解决有关最优规划、最优计划、最优控制和最优管理等问题。确定管理系统的最优化，可考虑以下原则：

(1) 使管理效率为最大；

(2) 使系统的经营所需费用为最少；

(3) 使系统的经营所获得的效益为最大；

(4) 使系统劳动生产率为最高；

(5) 通过对系统的管理，提高和改善职工的生活和福利。

上述提出的"最大"、"最少"的概念是相对的，绝对的最优化是不存在的。第二次世界大战以后，由于运筹学的产生与发展，从数学上研究出一套最优化方法，这种方法对处理不十分复杂的问题，或复杂问题中的局部性问题还是适用的，为经济管理决策提供了有力的手段。但是最优标准是一个理想化的标准，要使系统分析完全达到最优的要求，往往不易，尤其是对复杂的管理系统分析更是如此。这是因为在进行系统分析时要受到许多主客观条件的限制，如信息的限制、认识上的限制以及目标不易数量化的限制等等，实际上很难把所有可行方案及其执行结果估计无遗，所以也就很难断定通过模型选定的方案是否最优。此外，对复杂的问题的分析要牵涉到许多部门，包括多个目标，对于此部门来说是最优的方案，能达到此部门要求的目标，但是从彼部门的另一目标角度去看，就不见得是最优的，也可能是"次优"的。从时间的效果来看，短期效果是最优的方案，长期看来可能并不好，或者可能正好相反。总之，系统分析的最优化标准，不能盲目地追求绝对优化，应当有一个"有限合理性标准"，这个标准也就是"满意标准"。在实际的经济管理活动中，都可按此标准行事。

在经营管理系统的分析活动中，进行优化方案选择时，经常存在着一些矛盾的因素。对于比较简单的经营决策问题，可采用"和函数最小"与"积函数最大"的原则来决定问题的最优化。

3.3.2.1　和函数最小选优原则

设 x 表示管理变量，可按以下情况决定它的最优值。即当 $f(x)$ 随着 x 值的增加而增加，而 $g(x)$ 随着 x 值的增加而减少时，这时最优值 x（极小值）在 $f(x)+g(x)$ 之和的最小处。见图 3-5。

在经营管理分析中，有不少情况是属于和函数最小选优的问题。

(1) 原材料质量的分析。在生产中原材料质量提高，其价格函数 $f(x)$ 也随着增大，从而增加了成本，但由于质量好却节省了工时，从而加工费用函数 $g(x)$ 却减少了。根据分析，总价格函数模型为：

$$Y(x) = f(x) + g(x)$$

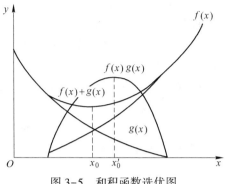

图 3-5 和积函数选优图

求原材料质量水平 x 使

$$\min Y(x) = f(x) + g(x)$$

成立。这时，x 为最优原材料的质量水平。

（2）最佳库存量的分析。库存量是维持正常生产的物资保证，也是供销正常业务的物资储备，库存量多了不仅占用大量生产流动资金，并增加了库存管理费用，费用函数 $f(x)$ 是随着库存量的增加而增大的，但在生产中因为短缺而带来的损失函数 $g(x)$ 则会相应地减少。为求出最佳库存量，首先要建立总费用函数模型为

$$Y(x) = f(x) + g(x)$$

求库存量 x 使

$$\min Y(x) = f(x) + g(x)$$

成立。这时 x 为最佳库存量。

3.3.2.2 积函数最大选优原则

设 x 为一管理变量，当 $f(x)$ 随着 x 值的增大而增大，而 $g(x)$ 却随着 x 值的增加而减小时，这时最优值 x（极大值）在 $f(x)$ 和 $g(x)$ 乘积的最大处，见图 3-6。对 $f(x)$ 可理解为效益函数，$g(x)$ 可理解为影响函数。

例如，在产品的销售过程中，设产品的销售价格为 x，其利润函数为 $f(x)$，市场需求函数为 $g(x)$。根据市场试销情况，当 x 增加时，利润虽随之增加，但是市场需求的数量却在减少，即随着价格的上涨而减少，这时如何确定合理价格，根据分析可知，价格决策函数模型为

$$F(x) = f(x)g(x)$$

为获得最优价格，应使

$$\max F(x) = f(x)g(x)$$

成立，这时企业利润为最大。

对管理系统的成本和效益进行分析时，也可按最优化原则进行方案选择。对不同方案的成本与效益比较时，可根据下述优化标准进行方案选择。

（1）当效益（E）水平相等时，选取成本（C）水平为最小的方案。设有甲、乙两方案，分别以曲线描述它们的成本和效益关系，如图 3-6 所示。图上横坐标表示成本，纵坐标表示效益。从图 3-6 中看出，当效益达到 E_D 时，两方案成本相同，效益一致，选择任一方案均可。但是，从长远效益出发，选乙方案为最优。当成本低于 C_D 时，甲方案效益比乙方案高，应选甲方案。当成本超过 C_D 时，则乙方案效益高于甲方案，应选乙方案。

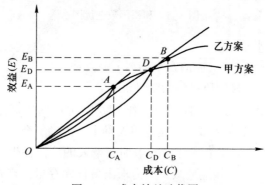

图 3-6　成本效益选优图

（2）当成本水平相等时，选取效益水平为最大的方案。从图 3-7 看出，当成本水平为 C_A 时，以选甲方案为优。当成本水平为 C_B 时，以选乙方案为合理。

对多方案的成本与效益的分析，可用上述同样原则进行评选。

（3）当方案的成本与效益水平均不相等时，则选取效益-成本比为最大的方案。从图 3-7 的原点向甲方案作切线 OA，向乙方案作切线 OB，则 A、B 两点的成本与效益值均不相同。这时应选取 E_A/C_A 和 E_B/C_B 比值大者为入选方案。从图 3-7 中可看出 $E_A/C_A > E_B/C_B$，甲方案为好。

（4）当成本与效益均以货币单位表示时，则选取纯效益（$E-C$）为最大的方案。这种优化标准可用来研究产品质量（或产量）之间的关系。如以质量 Q 方案作为横坐标，以成本和效益为纵坐标，如图 3-7 所示。此时为使纯效益为最大，应使

$$\frac{d(E - C)}{dQ} = 0$$

将满足 $dE/dQ = dC/dQ$ 的 Q 点的方案选为最优质量方案。

3.3.3　系统评价

系统评价是系统分析中复杂而又重要的一个工作环节。系统评价就是利用模

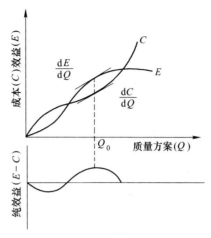

图 3-7 纯效益优选图

型和各种资料，对比各种可行方案，对各种方案用技术、经济的观点予以评价，权衡各方案的利弊得失，从系统的整体观点出发，综合分析问题，选择出适当而且可能实现的最优方案。

系统评价是利用价值概念来评价系统，也可用来评定不同系统之间的优劣。价值是一个综合的概念，是在人们的长期实践活动中形成的。在系统分析中，一般可以将价值概括地理解为"有益性"。系统总是在一定环境条件下存在的，因此所使用的价值都是相对价值，决定事物的相对价值的主要环境条件有：任务环境、作用对象环境、自然地理环境、资源环境、技术环境、需求环境、社会环境等等。例如，对象系统是一个钢铁联合企业，在考虑筹建方案时，除了要考虑冶炼技术、冶炼设备、生产线布局等这些与生产能力有关的因素外，还要考虑到气候、地质、资源、地理、交通、产品的市场要求、环境污染等各种因素，还要考虑建厂的工程组织自身的各种因素，这些问题，就是由价值相对性这一原则提出来的。

价值是一个综合的概念，它自身包含着很多因素，各个因素称为价值因素。它们之间存在着相互联系的关系，它们共同决定着系统的总价值。对于一个系统来说，它的输出就是它的价值因素，又可作为评价因素。系统的评价因素主要有：性能、进度、成本、可靠性、实用性（安装、维修）、寿命、质量、体积、兼容性、适应性、生存能力、技术水平、竞争能力、连续性、外观和能量消耗等。根据相对价值的概念，它们是一个有序的集合，这可根据系统所处的实际环境来评定它们的顺序，反映它们之间的量化关系。

系统评价要考虑到系统的价值结构。系统是由各种资源按某一特定任务而形成的一个整体，因而系统的价值自然取决于所投入的资源（包括人力、材料、资金、技术、设备和时间等）。研究系统的价值结构基本上就是分析系统的价值和资源输入的关系，两者一般表现为非线性关系。一般来说，增加所输入的某种资源，会增加系统的总价值，然而两者之间存在着非线性的关系，这就是说，当开始输入资源时，价值逐渐缓慢地增长，随着资源的不断输入，价值将达到一个临界饱和增长区域，最后将不再增长，这种非线性关系对系统的评价有着重要的实际意义。

在解决评价问题时要确定一些主要指标，通常归纳为性能、进度、成本、可靠性、维修性、寿命、动力消耗和质量等几个主要指标，为了做出有实际效果的评价，要建立这些指标的定量数值，确定对这些指标有影响的参数。同时，对某一指标给出评价系数而加以权衡，通过权衡进而求出系统的评价值，对各种不同方案进行比较，确定出最优方案。系统的评价过程如图 3-8 所示。

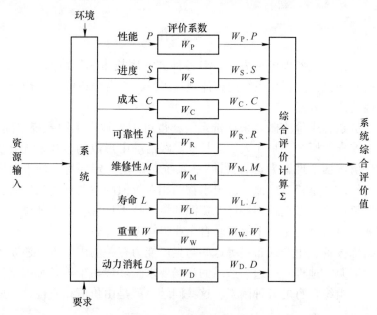

图 3-8 系统评价结构

在评价和选择方案时，不仅仅为了达到期望的目标，还要考虑分析和研究在方案执行过程中，会不会产生某种不良后果，也就是说，在方案执行过程中会不会发生事先估计不到的潜在问题。一旦发生问题时，应该怎样防范其不良后果，同时还要准备某些应变措施，使发生的问题对决策目标的影响减到最低限度，并适时地加以补救。这种系统地分析潜在问题的方法，一般称为防范分析。对潜在问题的分析要具有系统的观点，加以全盘考虑。除了制订出方案最佳的实施计划外，还要预测未来可能发生的问题，进一步研究制定出预防的措施，以防止问题的发生，做到"一分预防胜过十分补救"。即使一旦发生问题时，也不至于措手不及，而能紧急应变，适时补救，变被动为主动，使损失减至最低程度。

上述系统分析的各主要作业可以归纳为以下五个步骤,即提出问题、问题构成、收集资料、建立模型、分析与评价,如图3-9所示。

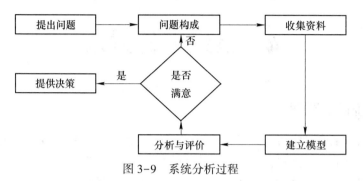

图 3-9　系统分析过程

按以上方法所选择的方案如果满意,就可建议为实施方案。如不满意,则进行反馈,重新按原步骤进行分析。一项成功的系统分析并非一次完成的,而是需要进行多次反复的探讨和磋商,考虑得越详尽,分析得越全面,其效果也就越佳。

4 系统评价方法

4.1 系统评价原理

系统评价在管理系统工作中是一个非常重要的问题，尤其对各类重大管理决策是必不可少的。它是决定系统方案命运的一步重要工作，是决策的依据和基础。系统评价就是全面评价系统的价值，而价值通常理解为评价主体根据其效用观点对于评价对象满足某种需求的认识，它与评价主体、评价对象所处的环境状况密切相关。因此，系统评价问题是由评价对象（What）、评价主体（Who）、评价目的（Why）、评价时期（When）、评价地点（Where）及评价方法（How）等要素（5W1H）构成的问题复合体。

评价对象是指接受评价的事物、行为或对象系统，如待开发的产品、待建设或建设中的项目等。

评价主体是指评定对象系统价值大小的个人或集体。评价主体根据个人的性格特点以及当时的环境、评价对象的性质以及对未来的展望等因素，对于某种利益和损失有自己独到的感觉和反应，这种感觉和反应就是效用。效用值（无量纲）与益损值（货币单位）间的对应关系可用效用曲线来刻画。效用曲线因人而异，可通过心理实验或辨优对话的方式得到，从理论上来说应有三种类型，如图 4-1 所示。其中 I 型曲线所反映的主体一般是一种谨慎小心、避免风险、对损失比较敏感的偏保守型的人，且其所处外部环境可能不是很好；II 型曲线所反映主体的个性特征恰恰相反，这类主体对损失的反应迟缓，而对利益比较敏感，是一种不怕风险、追求大利的偏进取型的人，且其所处外部环境大多较好；III 型曲线所反映的主体极其理性，是一种较少主观感受的"机器人"。大量实验证明，大多数行为主体的效用曲线为 I 型，而具有 III 型效用曲线的人在现实生活中很难找到。效用观点给我们的启示是，评价主体的个性特点及其所处环境条件，是决定系统评价结果的重要因素。

评价目的即系统评价所要解决的问题和所能发挥的作用。如对新产品开发及项目建设进行系统评价的主要目的是优化产品开发和项目建设方案，更科学、更有效地进行战略决策，并保证产品开发、项目建设等系统工作的成功。除优化之外，系统评价还可起到决策支持、行为解释和问题分析等方面的作用。

评价时期即系统评价在系统开发全过程中所处的阶段。如以企业开发新产品

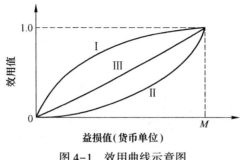

图 4-1　效用曲线示意图

为例，可分为四个时期，即：

（1）期初评价。这是在制定新产品开发方案时所进行的评价。其目的是为了及早沟通设计、制造、供销等部门的意见，并从系统总体出发来研讨与方案有关的各种重要问题。例如新产品的功能、结构是否符合用户的需求或本企业的发展方向，新产品开发方案在技术上是否先进、经济上是否合理，以及所需开发费用及时间等等。通过期初评价，力求使开发方案优化并做到切实可行。可行性研究的核心内容实际上就是对系统问题（产品开发、项目建设等）的期初评价。

（2）期中评价。这是指新产品在开发过程中所进行的评价。当开发过程需要较长时间时，期中评价一般要进行数次。通过期中评价，主要是验证新产品设计的正确性，并对评价中暴露出来的设计等问题采取必要的对策。

（3）期末评价。这是指新产品开发试制成功，并经鉴定合格后进行的评价。其重点是全面审查新产品各项技术经济指标是否达到原定的各项要求。同时，通过评价为正式投产做好技术上和信息上的准备，并预防可能出现的其他问题。

（4）跟踪评价。为了考察新产品在社会上的实际效果，在其投产后的若干时期内，每隔一定时间要对其进行一次评价，以提高该产品的质量，并为进一步开发同类新产品提供依据。

评价地点有两方面的含义：其一是指评价对象所涉及的及其占有的空间，或称评价的范围；其二是指评价主体观察问题的角度和高度，或称评价的立场。

在管理系统工程中，评价即评定系统发展有关方案的目的达成度。评价主体按照一定的工作程序，通过各种系统评价方法的应用，从经初步筛选的多个方案中找出所需的最优或使决策者满意的方案，这是一件重要而又有一定难度的工作。

系统评价的一般过程如图 4-2 所示。

系统评价的过程要有坚实的客观基础（如对经济效益的分析计算），这是第一位的；同时，评价的最终结果在某种程度上又取决于评价主体及决策者多方面的主观感受。这是由价值的特点所决定的。因此，可用来进行系统评价的方法是

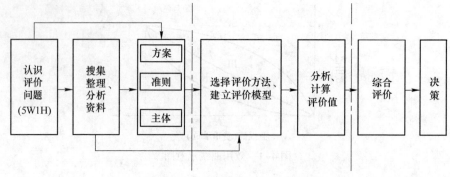

图 4-2 系统评价的一般过程

多种多样的。其中比较有代表性的方法是：以经济分析为基础的费一效分析法；以多指标的评价和定量与定性分析相结合为特点的关联矩阵法、层次分析法和模糊综合评判法。这类方法是系统评价的主体方法，也是本章讨论的重点。其中关联矩阵法为原理性方法，层次分析法和模糊综合评判法为实用性方法。

4.2 关联矩阵法

关联矩阵法是常用的系统综合评价法，它主要是用矩阵形式来表示各替代方案有关评价指标及其重要度与方案关于具体指标的价值评定量之间的关系。设有：

A_1，A_2，$\cdots$，A_m 是某评价对象的 m 个替代方案；

X_1，X_2，$\cdots$，X_n 是评价替代方案的 n 个评价指标或评价项目；

W_1，W_2，$\cdots$，W_n 是 n 个评价指标的权重；

V_{i1}，V_{i2}，$\cdots$，X_{in} 是第 i 个替代方案 A_i 的关于指标 X_j（$j=1\sim n$）的价值评定量。

则相应的关联矩阵表如表 4-1 所示。

表 4-1 关联矩阵表

X_i W_j V_{ij} A_i	X_1	X_2	$\cdots$	X_j	$\cdots$	X_n	V_i （加权和）
	W_1	W_2	$\cdots$	W_j	$\cdots$	W_n	
A_1	V_{11}	V_{12}	$\cdots$	V_{1j}	$\cdots$	V_n	$V_1 = \sum_{j=1}^{n} W_j V_{1j}$
A_2	V_{21}	V_{22}	$\cdots$	V_{2j}	$\cdots$	V_{2n}	$V_2 = \sum_{j=1}^{n} W_j V_{2j}$
$\vdots$	$\vdots$	$\vdots$	$\vdots$	$\vdots$	$\vdots$	$\vdots$	$\vdots$
A_m	V_{m1}	V_{m2}	$\cdots$	V_{mj}	$\cdots$	V_{mn}	$V_m = \sum_{j=1}^{n} W_j V_{mj}$

通常系统是多目标的，因此，系统评价指标也不是唯一的，而且衡量各个指标的尺度不一定都是货币单位，在许多情况下不是相同的，系统评价问题的困难就在于此。

据此，H. 切斯纳提出的综合方法是，根据具体评价系统，确定系统评价指标体系及其相应的权重，然后对评价系统的各个替代方案计算其综合评价值，即求出各评价指标值的加权和。

应用关联矩阵评价方法的关键，在于确定各评价指标的相对重要度（即权重 W_j）以及根据评价主体给定的评价指标的评价尺度，确定方案关于评价指标的价值评定量（V_{ij}）。

4.3 层次分析法

4.3.1 层次分析法的产生与发展

许多评价问题的评价对象属性多样、结构复杂，难以完全采用定量方法或简单归结为费用、效益或有效度进行优化分析与评价，也难以在任何情况下，做到使评价项目具有单一层次结构。这时需要首先建立多要素、多层次的评价系统，并采用定性与定量有机结合的方法或通过定性信息定量化的途径，使复杂的评价问题明朗化。

在这样的背景下，美国运筹学家、匹兹堡大学教授 T. L. 萨迪（T. L. Saaty）于 20 世纪 70 年代初提出了著名的 AHP（Analytic Hierarchy Process，解析递阶过程，通常意译为"层次分析"）方法。1971 年 T. L. 萨迪曾用 AHP 方法为美国国防部研究所谓"应急计划"，1972 年又为美国家科学基金会研究电力在工业部门的分配问题，1973 年为苏丹政府研究了苏丹运输问题，1977 年在第一届国际数学建模会议上发表了"无结构决策问题的建模—层次分析法"，从此 AHP 方法开始引起人们的注意，并在除方案排序之外的计划制定、资源分配、政策分析、冲突求解及决策预报等广泛的领域里得到了应用。该方法具有系统、灵活、简洁的优点。

1982 年 11 月，在中美能源、资源、环境学术会议上，由 T. L. 萨迪的学生 H. 高兰民柴（H. Gholamnezhad）首先向中国学者介绍了 AHP 方法。近年来，在我国能源系统分析、城市规划、经济管理、科研成果评价等许多领域中得到了应用。1988 年在我国召开了第一届国际 AHP 学术会议。近年来，该方法在各个领域中被广泛运用。

4.3.2 基本思想和实施步骤

AHP 方法把复杂问题分解成各个组成因素，又将这些因素按逻辑关系逐层分解形成递阶层次结构来加以分析。通过两两比较的方式确定层次中诸因素的相对重要性。然后综合有关人员的判断，确定备选方案相对重要性的总排序。整个过程体现了人们分解—判断—综合的思维特征。

在运用 AHP 方法进行评价或决策时，大体可分为以下四个步骤进行：

（1）建立层次结构。根据对问题的了解，把问题中涉及的因素，按相互之间的联系及隶属关系，建立系统的递阶层次结构。最上层是目标层，表示系统要达到的目标。如有多个目标时可在下一层设立一个分目标层。中间一层是准则层，是衡量达到目标的各项准则。最下一层是方案层，排列了各种可能采取的方案。

[例4-1] 选择科研课题。某研究单位现有 3 个科研课题，限于人力物力，只能承担其中一个课题，如何选择？

考虑下列因素：成果的贡献大小，对人才培养的作用，课题可行性。

在成果贡献方面考察：应用价值及科学意义（理论价值，对某科技领域的推动作用）；在课题可行性方面考虑：难易程度（难易程度与自身的科技力量的一致性），研究周期（预计需要花费的时间），财政支持（所需经费，设备及经费来源，有关单位支持情况等）。

建立如图 4-3 的层次结构：

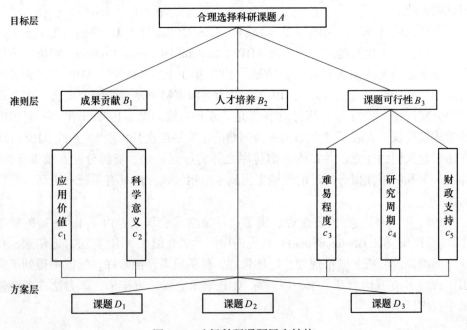

图 4-3　选择科研课题层次结构

（2）构造判断矩阵。对同一层次的各元素关于上一层次中某一准则的重要性进行两两比较, 得到其相对重要程度的比较标度, 构造两两比较判断矩阵, 并进行一致性检验。

(3) 层次单排序。由判断矩阵计算被比较要素对于该准则的相对权重。(权重的计算方法有方根法、和积法)

(4) 层次总排序。计算各层要素对系统目的(总目标)的权重, 并对各备选方案排序。

4.3.3 判断矩阵的构造及一致性检验

应用层次分析法保持思维判断的一致性是非常重要的。一致性是指判断矩阵中各要素的重要性判断应该一致, 不能出现矛盾。然而, 客观事物是复杂的, 人们不可能完全识别和判断, 在进行评价判断时, 往往带有主观片面性, 所建立的判断矩阵不可能表现出完全一致性, 这就需要对所建立的判断矩阵进行一致性检验, 以防止人们的思维出现矛盾。只有通过了一致性检验的判断矩阵才可以用于层次排序。

建立各层次的判断矩阵 A

$$A = (a_{ij})_{n \times n}$$

式中, n 为判断矩阵阶数; a_{ij} 是要素 i 与要素 j 相比的重要性标度。标度定义见表 4-2。

表 4-2 判断矩阵标度定义

标度	含义
1	两个要素相比, 同样重要
3	两个要素相比, 前者比后者稍重要
5	两个要素相比, 前者比后者明显重要
7	两个要素相比, 前者比后者强烈重要
9	两个要素相比, 前者比后者极端重要
2, 4, 6, 8	上述相邻判断的中间值
倒数	两个要素相比, 后者比前者的重要性标度

(1) 判断矩阵的性质。

$0 < a_{ij} \le 9$, $a_{ii} = 1$, $a_{ji} = 1/a_{ij}$——A 为正互反矩阵;

$a_{ik} \cdot a_{kj} = a_{ij}$——$A$ 为一致性矩阵。

选择 1~9 之间的整数及其倒数作为 a_{ij} 取值的主要原因是, 它符合人们进行比较判断时的心理习惯。实验心理学表明, 普通人在对一组事物的某种属性同时做比较, 并使判断基本保持一致时, 所能够正确辨别的事物最大个数在 5~9 个之间。

（2）两两比较判断的次数。两两比较判断的次数应为：$n(n-1)/2$，这样可避免判断误差的传递和扩散。

（3）定量指标的处理。遇有定量指标（物理量、经济量等）时，除按原方法构造判断矩阵外，还可用具体评价数值直接相比，这时得到的矩阵为定义在正实数集合上的互反矩阵。

（4）一致性检验方法。

1）计算一致性指标 $C.I.$

$$C.I. = \frac{\lambda_{max} - n}{n - 1}$$

$$\lambda_{max} \approx \frac{1}{n} \sum_{i=1}^{n} \frac{(AW)_i}{W_i} = \frac{1}{n} \sum_{i=1}^{n} \frac{\sum_{j=1}^{n} a_{ij} W_j}{W_i} \qquad (4-1)$$

式中，λ_{max} 为判断矩阵 A 的最大特征根；$(AW)_i$ 表示向量 AW 的第 i 个分量。

$C.I.$ 的值越大，表明判断矩阵偏离完全一致性的程度越大；$C.I.$ 的值越小（越接近于 0），表明判断矩阵的一致性越好。

2）查找相应的平均随机一致性指标 $R.I.$（Random Index）。表4-3给出了1~14阶正互反矩阵计算1000次得到的平均随机一致性指标。

表4-3　平均随机一致性指标

n	1	2	3	4	5	6	7	8	9	10	11	12	13	14
$R.I.$	0	0	0.52	0.89	1.12	1.26	1.36	1.41	1.46	1.49	1.52	1.54	1.56	1.58

$R.I.$ 是同阶随机判断矩阵的一致性指标的平均值，其引入可在一定程度上克服一致性判断指标随 n 增大而明显增大的弊端。

3）计算一致性比值 $C.R.$（Consisteney Ratio）

$$C.R. = \frac{C.I.}{R.I.} \qquad (4-2)$$

当 $C.R. < 0.1$ 时，即认为判断矩阵具有满意的一致性；否则，$C.R. \geq 0.1$ 时，认为判断矩阵不一致，应对判断矩阵进行调整，使其满足 $C.R. < 0.1$

4.3.4 要素相对权重或重要度向量 W 的计算方法

$$W = (W_1, W_2, \cdots, W_n)^T$$

（1）求和法（算术平均法）。

$$W_i = \frac{1}{n} \sum_{j=1}^{n} \frac{a_{ij}}{\sum_{k=1}^{n} a_{kj}}, \quad i = 1, 2, \cdots, n \qquad (4-3)$$

计算步骤:

1) 判断矩阵 A 的元素按列归一化;

2) 将归一化后的各列相加;

3) 将相加后的向量除以 n 即得权重向量。

(2) 方根法（几何平均法）。

$$W_i = \frac{(\prod a_{ij})^{\frac{1}{n}}}{\sum\limits_{i=1}^{n}(\prod\limits_{j=1}^{n} a_{ij})^{\frac{1}{n}}}, \ i = 1, 2, \ldots, n \tag{4-4}$$

计算步骤:

1) 判断矩阵 A 的元素按行相乘得一新向量;

2) 将新向量的每个分量开 n 次方;

3) 将所得向量归一化即为权重向量。

方根法是通过判断矩阵计算要素相对重要度的常用方法。

方根法举例:

判断矩阵

$$A = \begin{pmatrix} 1 & 3 & 1 \\ \dfrac{1}{3} & 1 & \dfrac{1}{3} \\ 1 & 3 & 1 \end{pmatrix}$$

$$M_1 = \sqrt[3]{1 \times 3 \times 1} = 1.4422$$

$$M_2 = \sqrt[3]{1/3 \times 1 \times 1/3} = 0.4807$$

$$M_3 = \sqrt[3]{1 \times 3 \times 1} = 1.4422$$

归一化得权重向量:

$$W_1 = \frac{M_1}{M_1 + M_2 + M_3} = 0.4286$$

$$W_2 = \frac{M_2}{M_1 + M_2 + M_3} = 0.1428$$

$$W_3 = \frac{M_3}{M_1 + M_2 + M_3} = 0.4286$$

$$AW = (1.2856, \ 0.4286, \ 1.2856)^T$$

$$\lambda_{max} \approx \frac{1}{n}\sum_{i=1}^{n}\frac{(AW)_i}{W_i} = \frac{1}{3}\left(\frac{1.2856}{0.4286} + \frac{0.4285}{0.1428} + \frac{1.2856}{0.4286}\right) = 3$$

$$C.I. = \frac{\lambda_{max} - n}{n - 1} = \frac{3 - 3}{3 - 1} = 0$$

$$C.R. = \frac{0}{0.52} = 0$$

所以该判断矩阵是一致矩阵。

（3）特征根方法。

$$AW = \lambda_{max} W$$

由正矩阵的 Perron 定理可知，λ_{max} 存在且唯一，W 的分量均为正分量，可以用幂法求出 λ_{max} 及相应的特征向量 W。该方法对 AHP 的发展在理论上有重要作用。

（4）最小二乘法。用拟合方法确定权重向量 $W = (W_1, W_2, \cdots, W_n)^T$，使残差平方和为最小，这实际是一类非线性优化问题。

4.3.5　层次分析法应用举例

[例 4-2] 某工厂有一笔企业留成利润，要决定如何使用。

可供选择方案：作奖金，建集体福利设施，引进设备技术

建立如图 4-4 所示的层次分析模型：

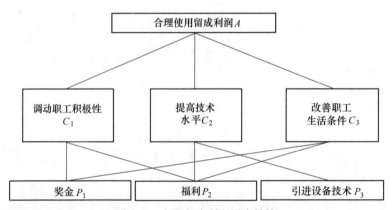

图 4-4　企业留成利润层次结构

建立判断矩阵：

$A-C$ 判断矩阵：

A	C_1	C_2	C_3	$w(2)$
C_1	1	1/5	1/3	0.105
C_2	5	1	3	0.637
C_3	3	1/3	1	0.258

$\lambda_{max} = 3.038$　归一化特征向量 $w(2)$

$C.I. = 0.019$　$C.R. = 0.03276 < 0.1$

具有满意的一致性

C_1–P：

C_1	P_1	P_2	$U_1(3)$
P_1	1	1/3	0.25
P_2	3	1	0.75

$\lambda_{max}=2$ $C.I.=0$

C_2–P：

C_2	P_2	P_3	$U_2(3)$
P_2	1	1/5	0.167
P_3	5	1	0.833

$\lambda_{max}=2$ $C.I.=0$

C_3–P：

C_3	P_1	P_3	$U_3(3)$
P_1	1	2	0.667
P_2	1/2	1	0.333

$\lambda_{max}=2$ $C.I.=0$

层次总排序：

$$U(3)=\begin{pmatrix} 0.25 & 0 & 0.667 \\ 0.75 & 0.167 & 0.333 \\ 0 & 0.833 & 0 \end{pmatrix}$$

$$w(3)=U(3)\cdot w(2)=(0.198,\ 0.291,\ 0.531)^{\mathrm{T}}$$

得到方案 P_3 优于 P_1 又优于 P_2，从分配上可以用 53.1% 来引进新设备，新技术；用 19.8% 来发奖金；用 29.1% 来改善福利。

4.4 模糊综合评价法

4.4.1 基本概念

1965 年，美国自动控制专家扎德（Zadeh，L. A）教授提出了模糊的概念，并发表了第一篇用数学方法研究模糊现象的论文"模糊集合"，开创了模糊数学的新领域。所谓模糊，是指客观事物差异的中间过渡中的"不分明性"或"亦此亦彼"性。在现实生活中，很多概念都是模糊的，如高个子，身高多少算高个子，并无明确的定义，不同人会有不同理解。又如选举一个好干部，怎样才算好干部？好与不好之间没有绝对分明和固定不变的界限。这些现象很难用经典的数学来描述。因此利用模糊数学进行决策分析的应用就越来越广。

在人们的日常生活中，在生产管理、科学研究、领导决策当中，经常遇到对各种事物或生产、科研项目进行评价决策的情况。这时需评出优劣好坏，以便做出相应的处理，例如，评价运动员的素质、评价商品的好坏、评审几个方案的优劣等。在评价中，由于事物不一定只受一种因素的影响，可能会受到多种因素的影响，因此必须兼顾各个方面，同时还要考虑各因素的影响大小与轻重，这样的评价就是综合评价，也叫综合判定。如果所考虑的因素是具有模糊性的，评价的结果也带有模糊性，那么这样的综合评价就构成模糊综合评价，也叫模糊综合评判。例如，对一种布料做出评价。首先，影响评价的因素有花样、颜色、价格、耐用度等；其次，评价结果有很受欢迎、较受欢迎、不太受欢迎、不受欢迎等。上述这些因素和结果都是带有模糊性的，这时，评价就属于模糊综合评价。

4.4.2　模糊综合评价的方法与步骤

下面举例说明模糊综合评判的方法与步骤。

[例4-3] 设某厂生产一种机器设备。为了掌握市场对这种机器的欢迎程度，首先考虑五种指标：易维修、功能、自动化程度、价格和燃料耗费程度。这些指标就构成因素集，记作

$$U = \{易维修，功能，自动化程度，价格，燃料耗费度\}$$

其次是确定评价结果，这里给出的是自然语言的评价，这些评价语言构成评语集（也叫评价集或备选集）。例如，给出评语集为 V，即

$$V = \{很欢迎，欢迎，一般，不欢迎\}$$

最后要给出对各个因素的权重，也就是说对不同的需要对象，他们对各因素重要程度的看法不一样。例如，对大公司来说，比较重视易维修和功能，他们给出的权重设为

$$X = \{0.35, 0.35, 0.10, 0.10, 0.05\}$$

而对于小公司来说，他们的权重集为

$$Y = \{0.10, 0.10, 0.15, 0.30, 0.35\}$$

这两个权重集（模糊子集）又构成一个模糊矩阵 A，即

$$A = \begin{bmatrix} 0.35 & 0.35 & 0.10 & 0.10 & 0.05 \\ 0.10 & 0.10 & 0.15 & 0.30 & 0.35 \end{bmatrix}$$

在此基础上再进行单因素评价。如请若干专家评价"易维修"因素，设有20%的人很欢迎，有50%的人欢迎，有30%人认为一般，没有人不欢迎，于是得

$$u_1(易维修) \sim \{0.2, 0.5, 0.3, 0\}$$

同样的方法有

$$u_2(功能) \sim \{0.1, \ 0.3, \ 0.5, \ 0.1\}$$

$$u_3(自动化程度) \sim \{0, \ 0.4, \ 0.5, \ 0.1\}$$

$$u_4(价格) \sim \{0, \ 0.4, \ 0.5, \ 0.1\}$$

$$u_5(燃料耗费度) \sim \{0.5, \ 0.3, \ 0.2, \ 0\}$$

联合以上单因素评价可得矩阵 R，这是一个模糊关系矩阵，即

$$R = \begin{bmatrix} 0.2 & 0.5 & 0.3 & 0 \\ 0.1 & 0.3 & 0.5 & 0.1 \\ 0 & 0.1 & 0.6 & 0.3 \\ 0 & 0.4 & 0.5 & 0.1 \\ 0.5 & 0.3 & 0.2 & 0 \end{bmatrix}$$

最后，进行模糊综合评价为 B，其中

$$B = A \circ R = \begin{bmatrix} 0.20 & 0.35 & 0.35 & 0.10 \\ 0.35 & 0.30 & 0.30 & 0.15 \end{bmatrix}$$

再将 B 归一化，有

$$B = \begin{bmatrix} 0.20 & 0.35 & 0.35 & 0.10 \\ 0.32 & 0.27 & 0.27 & 0.14 \end{bmatrix}$$

这表明，这种机器在小公司当中，有 32% 很受欢迎，有 27% 受欢迎，有 27% 不太受欢迎，有 14% 不受欢迎。

通过这个例题，可以归纳出用模糊综合评价方法解决问题的步骤。

(1) 建立因素集。因素集是以影响评价对象的各种因素为元素所组成的一个普通集合，通常用大写字母 U 表示，即

$$U = \{u_1, \ u_2, \ \cdots, \ u_n\}$$

式中，各元素 u_i ($i = 1, \ 2, \ \cdots, \ n$) 代表各影响因素，通常都具有不同程度的模糊性。

(2) 建立评价集。评价集是评判者对评价对象做出的各种评价结果所组成的集合，通常用大写字母 V 表示，即

$$V = \{v_1, \ v_2, \ \cdots, \ v_m\}$$

式中，v_j ($j = 1, \ 2, \ \cdots, \ m$) 可以是语言形式，如 {很欢迎，欢迎，一般，不欢迎}。又如 {优，良，中，劣} 也是一个评价集，这里的评价结果是非数量性的。评价集的元素也可以是数量性的，如一个部件的安全系数 {1.5, 2.0, 2.5, 2.1} 也构成一个评价集。

(3) 建立权重集。为了反映各因素的重要程度，对各个因素应赋予一个相应"权数" a_i($i = 1, \ 2, \ \cdots, \ n$)。由各"权数"所组成的集合 $A = \{a_1, \ a_2, \ \cdots, \ a_n\}$ 称为因素权重集，简称权重集。这里，各权数 a_i ($i = 1, \ 2, \ \cdots, \ n$) 应满足归一性和非负性条件，即

$$\sum_{i=1}^{n} a_i = 1$$

$$a_i \geqslant 0 \quad i = 1, 2, \cdots, n$$

权数 a_i 表示各因素 u_i 对"重要性"的隶属度，因此权重集是因素集上的模糊子集，并可表示为

$$A = a_1/u_1 + a_2/u_2 + \cdots + a_n/u_n$$

（4）建立评价矩阵。

$$R = \begin{bmatrix} r_{11} & r_{12} & \cdots & r_{1m} \\ r_{21} & r_{22} & \cdots & r_{2m} \\ \cdots & \cdots & \cdots & \cdots \\ r_{n1} & r_{n2} & \cdots & r_{nm} \end{bmatrix}$$

其中元素 r_{ij} 表示从第 i 个因素着眼对某一对象做出第 j 种评语的可能程度。

（5）进行综合评判。单因素模糊评判，仅反映一个因素对评判对象的影响。为了综合考虑所有因素的影响，必须考虑各因素的重要程度，就是将权重矩阵 A 与单因素评判矩阵 R 合成为模糊综合评判矩阵 B，即

$$B = A \circ R$$

$$B = (a_1, \quad a_2, \quad \cdots, \quad a_n) \begin{bmatrix} r_{11} & r_{12} & \cdots & r_{1m} \\ r_{21} & r_{22} & \cdots & r_{2m} \\ \cdots & \cdots & \cdots & \cdots \\ r_{n1} & r_{n2} & \cdots & r_{nm} \end{bmatrix}$$

$$= (b_1, \quad b_2, \quad \cdots, \quad b_m)$$

$$b_j = \bigvee_{i=1}^{n} (a_i \wedge r_{ij})$$

式中　$\circ$——模糊算子构成的合成运算，常用的为扎德算子（$\vee$，$\wedge$）；

$\wedge$——两因素的交，结果取小值；

$\vee$——两因素的并，结果取大值。

式中的含义是综合考虑所有因素影响时，评判对象对评价集中第 j 个元素的隶属度。根据隶属度的大小进行决策。

[例 4-4] 学生思想评价。

（1）建立因素集

$U = \{u_1, u_2, u_3, u_4\} = \{$思想修养，集体观念，劳动观念，遵守纪律$\}$

（2）建立评价集

$V = \{v_1, v_2, v_3, v_4\} = \{$很好，较好，一般，不好$\}$

（3）建立权重集

$A = \{a_1, a_2, a_3, a_4\} = \{0.5, 0.2, 0.2, 0.1\}$

（4）在班级调查和有关人员调查的基础上，确定了某学生的评价矩阵。

$$R = \begin{bmatrix} 0.4 & 0.5 & 0.1 & 0 \\ 0.6 & 0.3 & 0.1 & 0 \\ 0.1 & 0.2 & 0.6 & 0.1 \\ 0.1 & 0.2 & 0.5 & 0.2 \end{bmatrix}$$

其中对评价因素的评价向量为（0.4，0.5，0.1，0），表示在调查人员中，有40%的人认为该生思想修养很好，50%的人认为该生思想修养较好，10%的人认为该生思想修养一般，没有人说不好。

（5）进行模糊综合评价。

$$B = A \circ R$$

$$= (0.5,\ 0.2,\ 0.2,\ 0.1) \circ \begin{bmatrix} 0.4 & 0.5 & 0.1 & 0 \\ 0.6 & 0.3 & 0.1 & 0 \\ 0.1 & 0.2 & 0.6 & 0.1 \\ 0.1 & 0.2 & 0.5 & 0.2 \end{bmatrix}$$

$$= (0.4,\ 0.5,\ 0.2,\ 0.1)$$

归一化后得：$B = （0.33，0.42，0.17，0.08）$。

以上结果表明，该生的思想是较好（取最大值0.42）。

5 回归分析预测方法

客观世界中的许多事物、现象、因素彼此关联而构成关系、过程、系统。在经济活动中，变量与变量之间的关系有两类，一类是函数关系，即一一对应的确定关系，例如：某种商品的销售额 y 与销售量 x 之间的关系可表示为 $y=px$（p 为单价）；企业的原材料消耗额 y 与产量 x_1、单位产量消耗 x_2、原材料价格 x_3 之间的关系可表示为 $y=x_1x_2x_3$。另一类是相关关系，即变量之间的关系不能用函数关系精确表达，一个变量的取值不能由另一个变量唯一确定。例如：父亲身高 y 与子女身高 x 之间的关系；收入水平 y 与受教育程度 x 之间的关系；粮食亩产量 y 与施肥量 x_1、降雨量 x_2、温度 x_3 之间的关系；商品的消费量 y 与居民收入 x 之间的关系；商品销售额 y 与广告费支出 x 之间的关系。在相关关系的分析中，常用回归分析方法来研究变量之间的因果关系，并据此进行预测。

"回归"是指研究某一变量（因变量）与其他一个或多个变量（自变量）的依存关系。回归分析预测法是通过处理已知数据以寻求这些数据演变规律的一种数理统计方法，用途极为广泛，包括线性回归、非线性回归、一元回归、多元回归等。

5.1　相关与回归分析

5.1.1　相关的概念和种类

5.1.1.1　相关的概念

相关分析就是对两个或两个以上变量之间相关关系的描述与度量。

相关关系与函数关系的不同之处表现在：

（1）函数关系指变量之间的关系是确定的，而相关关系指变量之间存在不确定的关系；

（2）函数关系变量之间的依存可以用一定的方程 $y=f(x)$ 表现出来，可以给定自变量 x 来推算因变量 y，而相关关系则不能用一定的方程表示。函数关系是相关关系的特例，即函数关系是完全的相关关系，相关关系是不完全的函数关系。

5.1.1.2　相关的种类

相关的种类有：

（1）按相关的程度分，有完全相关、不完全相关和不相关。相关分析的主要对象是不完全的相关关系。

（2）按相关的性质分，有正相关和负相关。正相关指的是两个变量变动的方向一致，负相关指的是两个变量变动的方向相反。

（3）按相关的形式分，有线性相关和非线性相关。

（4）按影响因素多少分，有单相关和复相关。

5.1.2 回归分析

5.1.2.1 回归分析的意义

回归分析是对具有相关关系的两个或两个以上变量之间数量变化的关系进行测定，通过一定的数学表达式将这种关系描述出来，进而确定一个或几个变量（自变量）的变化对另一个特定变量（因变量）的影响程度。

5.1.2.2 回归与相关的区别与联系

回归和相关都是研究两个变量相互关系的分析方法。相关分析测度变量之间相关的方向和相关的密切程度。但是相关分析不能指出两变量相互关系的具体形式，也无法从一个变量的变化来推测另一个变量的变化关系。回归分析则是通过一定的数学方程来反映变量之间相互关系的具体形式，以便从一个或几个变量的取值来估计或预测另一个特定变量的取值，为估算预测提供一个重要的方法。

相关分析既可以研究因果关系的现象，也可以研究共变的现象，不必确定两变量中谁是自变量，谁是因变量。而回归分析是研究两变量具有因果关系的数学形式，因此必须事先确定变量中自变量与因变量的地位。

计算相关系数的两变量是对等的，可以都是随机变量，各自接受随机因素的影响，改变两变量的地位并不影响相关系数的数值。在回归分析中因变量是随机的，自变量是可控制的解释变量，不是随机变量。因此回归分析只能用自变量来估计因变量，而不允许由因变量来推测自变量。

回归分析和相关分析是互相补充、密切联系的。相关分析需要回归分析来表明现象数量相关的具体形式，而回归分析则应该建立在相关分析的基础上。依靠相关分析表明现象的数量变化具有密切相关，进行回归分析求其相关的具体形式才有意义。在相关程度很低的情况下，回归函数的表达式代表性就很差。

5.2 一元线性回归

一元线性回归是指成对的两个变量数据分布大体上呈直线趋势时，运用合适的参数估计方法，求出一元线性回归模型，然后根据自变量与因变量之间的关系，预测因变量的趋势。

设预测对象为因变量 Y，具有因果关系的相关因素为自变量 X，给定 n 对样本数据 (x_1, y_1)，(x_2, y_2)，…，(x_n, y_n)，将这些数据绘出散点图，当走向大致趋于一条直线时，可以建立回归直线方程

$$y = a + bx \tag{5-1}$$

式中，a 代表直线在 y 轴上的截距；b 表示直线的斜率，又称为回归系数。回归系数的含义是，当自变量 x 每增加一个单位时，因变量 y 的平均增加值。当 b 的符号为正时，表示两个变量是正相关，当 b 的符号为负时，表示两个变量是负相关。a，b 都是待定参数，可以用最小平方法（也叫最小二乘法）求得。

5.2.1 模型参数 a，b 的最小二乘估计

最小二乘法是通过数学模型，配合一条较为理想的趋势线。这条趋势线必须满足下列两点要求：一是原数列的观察值与模型估计值的离差平方和为最小；二是原数列的观察值与模型估计值的离差总和为零。

对应于每一个 x_i，根据回归直线方程可计算出一个因变量估计值 $\hat{y}_i$，实际观察值 y_i 与回归估计值 $\hat{y}_i$ 之间的离差记作 $e_i = y_i - \hat{y}_i$，现在要确定一组参数 (a, b)，使其对应的离差平方和最小，即

$$\sum_{i=1}^{n} e_i^2 = \sum_{i=1}^{n} (y_i - a - bx_i)^2 = 最小$$

把 a，b 看成变量，对等式求偏导数，并令其等于零，便得到求 a，b 的公式为

$$\begin{cases} b = \dfrac{n\sum\limits_{i=1}^{n} x_i y_i - \sum\limits_{i=1}^{n} x_i \sum\limits_{i=1}^{n} y_i}{n\sum\limits_{i=1}^{n} x_i^2 - \left(\sum\limits_{i=1}^{n} x_i\right)^2} \\ a = \bar{y} - b\bar{x} \end{cases} \tag{5-2}$$

5.2.2 显著性检验

一元线性回归模型是否符合变量之间的客观规律，两个变量之间是否具有显著的线性相关关系？这就需要对回归模型进行显著性检验。常用的检验方法有相关系数检验、F 检验和 t 检验。

5.2.2.1 相关系数检验

相关系数是一元线性回归模型中用来衡量两个变量之间线性相关关系强弱程度的指标。对于任何一组数据，均可以得到一个回归方程，但是 y 与 x 之间的相关程度如何，需要进行检验。相关系数用 r 表示，计算公式为：

$$r = \frac{\sum (x_i - \bar{x})(y_i - \bar{y})}{\sqrt{\sum (x_i - \bar{x})^2 \sum (y_i - \bar{y})^2}} \tag{5-3}$$

式中，相关系数的取值范围 $-1 \leq r \leq 1$，r 值为负称为负相关，表明 y 随 x 的增加而减少；r 值为正称为正相关，表明 y 随 x 的增加而增加。r 绝对值越接近 1，相关关系越强；r 绝对值越接近 0，相关关系越弱。为了保证回归方程具有最低程度的线性关系，要求 r 值大于相应的临界值 r_α，这个临界值可查表得出。

5.2.2.2 F 检验

为了使应用回归方程进行预测可靠起见，用 F 统计量检验 x 与 y 之间是否存在显著的线性关系，即回归方程总体是否具有显著性。F 统计量可用下式计算：

$$F = \frac{(n - p - 1)r^2}{p(1 - r^2)} \tag{5-4}$$

式中，p 为自变量个数；n 为样本数。

F 统计检验步骤为：

(1) 选择检验的显著性水平 α；

(2) 根据 α 及自由度 p 和自由度 $n-p-1$，查 F 分布表可得临界值 F_α；

(3) 将计算的 F 与 F_α 比较，若 $F > F_\alpha$，则回归效果显著。

5.2.2.3 t 检验

t 检验就是对回归系数的检验。如果某个系数的 t 检验通不过，则这个系数所对应的这一项在回归方程中作用不显著。

t 统计检验步骤为：

(1) 提出假设。

H_0：$b = 0$（没有线性关系）；

H_1：$b \neq 0$（有线性关系）。

(2) 计算检验的统计量。

$$t = \frac{b}{S_b}$$

式中，S_b 是回归系数的抽样标准差，其计算公式为：

$$S_b = \frac{S_y}{\sqrt{\sum (x_i - \bar{x})^2}}$$

式中，S_y 是估计标准误差，其计算公式为：

$$S_y = \sqrt{\frac{\sum (y_i - \bar{y}_i)^2}{n - 2}} = \sqrt{\frac{\sum y^2 - a \sum y - b \sum xy}{n - 2}} \tag{5-5}$$

估计标准误差是实际观察值与回归估计值离差平方和的均方根，反映实际观察值在回归直线周围的分散状况，是在排除了 x 对 y 的线性影响后，y 随机波动大小的一个估计量，反映了用估计的回归方程预测 y 时预测误差的大小。

（3）确定显著性水平 α，并进行决策。

查 t 分布表可得临界值 $t_{\alpha/2}$，当 $t>t_{\alpha/2}$ 拒绝 H_0；当 $t<t_{\alpha/2}$ 不能拒绝 H_0。

5.2.3　预测区间估计

由回归模型得出的预测值是点估计值，它不能给出估计的精度，点估计值与实际值之间是有误差的，因此需要进行预测区间估计。所谓预测区间就是指在一定的显著性水平上，依据统计方法计算出的包括预测目标未来真实值的某一区间范围。

对于自变量 x 的一个给定值 x_0，根据回归方程得到因变量 y 的一个估计区间：

$$\hat{y}_0 \pm t_{\frac{\alpha}{2}} S_y \sqrt{1 + \frac{1}{n} + \frac{(x_0 - \bar{x})^2}{\sum\limits_{i=1}^{n}(x_i - \bar{x})^2}} \tag{5-6}$$

式中，$t_{\frac{\alpha}{2}}$ 是自由度为 $n-p-1$ 的 t 分布临界值。

5.2.4　一元线性回归预测实例

[**例 5-1**] 某省货运量与工业总产值的统计资料如表 5-1 所示。用一元线性回归模型进行预测。

表 5-1　货运量与工业总产值的统计资料

年份	货运量 y/亿吨	工业总产值 x(10 亿元)	xy	x^2	y^2
1987	2.8	25	70.0	625	7.84
1988	2.9	27	78.3	729	8.41
1989	3.2	29	92.8	841	10.24
1990	3.2	32	102.4	1024	10.24
1991	3.4	34	115.6	1156	11.56
1992	3.2	36	115.2	1296	10.24
1993	3.3	35	115.5	1225	10.89
1994	3.7	39	144.3	1521	13.69
1995	3.9	42	163.8	1764	15.21
1996	4.2	45	189.0	2025	17.64
合计	33.8	344	1186.9	12206	115.96

由式（5-2）及表5-1中最后一行数据可得：

$$b = \frac{n\sum\limits_{i=1}^{n} x_i y_i - \sum\limits_{i=1}^{n} x_i \sum\limits_{i=1}^{n} y_i}{n\sum\limits_{i=1}^{n} x_i^2 - (\sum\limits_{i=1}^{n} x_i)^2} = \frac{10 \times 1186.9 - 344 \times 33.8}{10 \times 12206 - 344^2} = 0.06493$$

$$a = \bar{y} - b\bar{x} = \frac{33.8}{10} - 0.06493 \times \frac{344}{10} = 1.1464$$

回归方程为 $\qquad\qquad y = 1.1464 + 0.06493x$

表明工业总产值每增加10亿元时，货运量平均增加0.06493亿吨。

由式（5-3），可得相关系数为

$$r = \frac{\sum (x_i - \bar{x})(y_i - \bar{y})}{\sqrt{\sum (x_i - \bar{x})^2 \sum (y_i - \bar{y})^2}} = 0.9565$$

由式（5-4）得 F 统计量为

$$F = \frac{(n - p - 1)r^2}{p(1 - r^2)} = 85.9985$$

给定 $\alpha = 0.05$，查 F 分布表得 $F_{0.05}(1, 8) = 5.32$，故 $F > F_{0.05}(1, 8)$，所以，x 与 y 线性相关是显著的。

假设 $x_0 = 50$（即工业总产值为 50×10 亿元时），问货运量将会在什么范围？

当 $x_0 = 50$ 时的点预测值为：

$y_0 = 1.1464 + 0.06493x = 1.1464 + 0.06493 \times 50 = 4.393$（亿吨）

给定 $\alpha = 0.05$，查 t 分布表 $t_{0.025}(8) = 2.306$，由式（5-5）可计算出估计标准误差：

$$S_y = \sqrt{\frac{\sum\limits_{i=1}^{n} (y_i - \hat{y}_i)^2}{n - 2}} = \sqrt{\frac{\sum y^2 - a\sum y - b\sum xy}{n - 2}} = 0.1352$$

由式（5-6）可计算出因变量 y 的一个估计区间：

$$\hat{y}_0 \pm t_{\frac{\alpha}{2}}S_y \sqrt{1 + \frac{1}{n} + \frac{(x_0 - \bar{x})^2}{\sum\limits_{i=1}^{n} (x_i - \bar{x})^2}} = 4.393 \pm 0.4158$$

即 y_0 将以95%的可靠度落在（4.393±0.4158）区间，即预测货运量在（3.977，4.809）亿吨之间。

用 Excel 进行回归分析的步骤如下：

第1步：选择"工具"下拉菜单；

第2步：选择"数据分析"选项；

第3步：在分析工具中选择"回归"，然后选择"确定"；

第 4 步：当对话框出现时：

在 "Y 值输入区域" 设置框内键入 Y 的数据区域；

在 "X 值输入区域" 设置框内键入 X 的数据区域；

在 "置信度" 选项中给出所需的数值；

在 "输出选项" 中选择输出区域；

在 "残差" 分析选项中选择所需的选项。

Excel 输出的回归结果包括以下几部分：

回归统计：给出分析中一些常用统计量，相关系数（Multiple R）、判定系数（R Square）、调整后的判定系数（Adjusted R Square）、标准误差。

方差分析：给出自由度（df）、平方和（SS）、均方（MS）、检验统计量（F）、检验的显著性水平。

参数估计：回归方程的截距、斜率、截距和斜率的标准误差、回归系数 t 统计量、P 值、截距和斜率的置信区间。

5.3　多元线性回归

经济领域中有许多问题，一个变量往往受多个因素的影响。例如，一个工厂的生产量受到劳动力、资金、原材料、能源等投入量的影响；商品的销售量受到商品本身的价格、消费者收入及其他因素的影响。因此，需要建立多元回归模型进行预测。多元回归预测与一元回归预测的原理基本相同，只是计算上复杂一点而已。本节仅限于线性模型。

假定通过分析可知，因变量 y 与自变量 x_1，x_2，$\cdots$，x_k 之间具有线性因果关系，则多元线性回归方程为：

$$y = b_0 + b_1x_1 + b_2x_2 + \cdots + b_kx_k \tag{5-7}$$

式中，参数可由以下方程组解出：

$$\begin{cases} \sum y = nb_0 + b_1 \sum x_1 + b_2 \sum x_2 + \cdots + b_k \sum x_k \\ \sum x_1 y = b_0 \sum x_1 + b_1 \sum x_1^2 + \cdots + b_k \sum x_1 x_k \\ \quad\vdots \\ \sum x_k y = b_0 \sum x_k + b_1 \sum x_k x_1 + \cdots + b_k \sum x_k^2 \end{cases} \tag{5-8}$$

在自变量超过 3 个时，一般要用矩阵运算，借助计算机使用一般统计软件，可直接解出参数。下面的例 5-2 说明用 EXCEL 求解多元线性回归方程的方法。

[例 5-2] 一家大型商业银行在多个地区设有分行，为弄清楚不良贷款形成的原因，抽取了该银行所属的 25 家分行 2002 年的有关业务数据。原始数据见图 5-1。试建立不良贷款 y 与贷款余额 x_1、累计应收贷款 x_2、贷款项目个数 x_3 和固定资产投资额 x_4 的线性回归方程。

	A 分行编号	B 不良贷款/亿元	C 各项贷款余额/亿元	D 本年累计应收贷款/亿元	E 贷款项目个数/个	F 本年固定资产投资额/亿元
1						
2	1	0.9	67.3	6.8	5	51.9
3	2	1.1	111.3	19.8	16	90.9
4	3	4.8	173.0	7.7	17	73.7
5	4	3.2	80.8	7.2	10	14.5
6	5	7.8	199.7	16.5	19	63.2
7	6	2.7	16.2	2.2	1	2.2
8	7	1.6	107.4	10.7	17	20.2
9	8	12.5	185.4	27.1	18	43.8
10	9	1.0	96.1	1.7	10	55.9
11	10	2.6	72.8	9.1	14	64.3
12	11	0.3	64.2	2.1	11	42.7
13	12	4.0	132.2	11.2	23	76.7
14	13	0.8	58.6	6.0	14	22.8
15	14	3.5	174.6	12.7	26	117.1
16	15	10.2	263.5	15.6	34	146.7
17	16	3.0	79.3	8.9	15	29.9
18	17	0.2	14.8	0.6	2	42.1
19	18	0.4	73.5	5.9	11	25.3
20	19	1.0	24.7	5.0	4	13.4
21	20	6.8	139.4	7.2	28	64.3
22	21	11.6	368.2	16.8	32	163.9
23	22	1.6	95.7	3.8	10	44.5
24	23	1.2	109.6	10.3	14	67.9
25	24	7.2	196.2	15.8	16	39.7
26	25	3.2	102.2	12.0	10	97.1

图 5-1 原始数据

Excel 输出结果见图 5-2。

	A	B	C	D	E	F	G	H	I	J
1	SUMMARY OUTPUT									
2										
3		回归统计								
4	Multiple	0.893087								
5	R Square	0.797604								
6	Adjusted	0.757125								
7	标准误差	1.778752								
8	观测值	25								
9										
10	方差分析									
11		df	SS	MS	F	Significance F				
12	回归分析	4	249.3712	62.3428	19.70404	1.03539E-06				
13	残差	20	63.27919	3.16396						
14	总计	24	312.6504							
15										
16		Coefficien	标准误差	t Stat	P-value	Lower 95%	Upper 95%	下限 95.0%	上限 95.0%	
17	Intercep	-1.02164	0.782372	-1.30582	0.206434	-2.653639903	0.61036	-2.65364	0.61036	
18	X Variab	0.040039	0.010434	3.837495	0.001028	0.018274994	0.061804	0.018275	0.061804	
19	X Variab	0.148034	0.078794	1.878738	0.074935	-0.016328206	0.312396	-0.01633	0.312396	
20	X Variab	0.014529	0.083033	0.174983	0.862853	-0.15867478	0.187733	-0.15867	0.187733	
21	X Variab	-0.02919	0.015073	-1.93677	0.06703	-0.060634537	0.002249	-0.06063	0.002249	

图 5-2 Excel 输出结果

5.3.1 多重判定系数

与一元回归类似，对多元回归方程，则需要用多重判定系数来评价其拟合优度。它反映了在因变量的变差中被估计的回归方程所解释的比例。其计算公式为：

$$R^2 = \frac{SSR}{SST} = 1 - \frac{SSE}{SST} \tag{5-9}$$

R^2 的平方根称为多重相关系数，也称为复相关系数，它度量了因变量同多个自变量的相关程度。

由图 5-2 的输出结果可知，回归平方和 $SSR = 249.3712$，残差平方和 $SSE = 63.27919$，总平方和 $SST = 312.6504$，多重判定系数 $R^2 = 0.797604$。其实际意义是：在不良贷款取值的变差中，能被不良贷款与贷款余额、累计应收贷款、贷款项目个数和固定资产投资额的多元回归方程所解释的比例为 79.7604%。

5.3.2 估计标准误差

估计标准误差的含义是：根据自变量来预测因变量时的平均预测误差。其计算公式为：

$$S_y = \sqrt{\frac{\sum (y_i - \bar{y}_i)^2}{n - p - 1}} = \sqrt{\frac{SSE}{n - p - 1}} \tag{5-10}$$

式中，p 为自变量的个数。同样，在 Excel 输出的回归结果中也直接给出了估计标准误差的值 $S_y = 1.778752$，其含义是：根据所建立的多元回归方程，用贷款余额、累计应收贷款、贷款项目个数和固定资产投资额来预测不良贷款时，平均预测误差为 1.778752 亿元。

5.3.3 显著性检验

5.3.3.1 F 检验

F 检验的方法与一元线性回归类似，F 统计量的值由 Excel 输出的回归结果中直接给出，$F = 19.70404$，给定显著性水平 $\alpha = 0.05$，根据分子自由度 $p = 4$，分母自由度 $= n - p - 1 = 25 - 4 - 1 = 20$，查 F 分布表得 $F_{0.05}(4, 20) = 2.87$。由于 $F > F_{0.05}(4, 20) = 2.87$，说明不良贷款与贷款余额、累计应收贷款、贷款项目个数和固定资产投资额之间的线性关系是显著的。

也可直接将 EXCEL 输出的回归结果中 Significance F 值与给定的显著性水平 $\alpha = 0.05$ 进行比较，由于 Significance F $= 1.04E-06 < \alpha = 0.05$，$F$ 检验通过，所以说明线性相关是显著的。

5.3.3.2 t 检验

给定 $\alpha = 0.05$，查 t 分布表 $t_{0.025}(20) = 2.086$，由图 5-2 的输出结果可知，

只有 x_1 通过了检验，其他 3 个自变量都没有通过检验。直接用 P 值进行比较也是一样：只有 x_1 对应的 P 值小于 $\alpha = 0.05$，其他 3 个自变量对应的 P 值均大于 0.05，未通过检验。

这说明在影响不良贷款的 4 个自变量中，只有贷款余额的影响是显著的，其他 3 个自变量均不显著。意味着其他 3 个自变量对预测不良贷款的作用不大。

由图 5-2 可得多元回归方程为

$$y = -1.02164 + 0.040039x_1 + 0.148034x_2 + 0.014529x_3 - 0.029193x_4$$

$b_1 = 0.040039$ 表示在 x_2、x_3、x_4 变量不变的条件下，x_1 每增加 1 亿元，y 平均增加 0.040039 亿元。

5.4 非线性回归

对很多预测问题，因素之间不是线性关系，这就要建立非线性模型进行预测。对非线性关系的变量，同样也可以用回归方法来解决，但先要通过变量替换，把非线性方程转化为线性方程，再用最小二乘法建立线性回归方程，最后再进行逆变换，将线性方程转化为实际的非线性方程。下面介绍几种常用的非线性方程及转化方式。

（1）多项式函数模型。

$$y = a + bx + cx^2 \tag{5-11}$$

令 $x_1 = x$，$x_2 = x^2$，则上式变为

$$y = a + bx_1 + cx_2$$

可利用多元回归分析法估计参数 a，b，c。

（2）双曲函数模型。

若变量 x 随 y 而增加，最初增加很快，以后逐渐减慢并趋于稳定，则可以用双曲线函数，其方程为：

$$y = a + \frac{b}{x} \tag{5-12}$$

令：$y' = 1/y$，$x' = 1/x$，则有 $y' = a + bx'$。

则可利用一元回归分析法估计参数 a，b。

（3）幂函数模型。

若变量 x 与 y 都接近等比变化，即其环比分别接近于一个常数，可拟合幂函数曲线，其方程为：

$$y = ax^b \tag{5-13}$$

两边取对数，$\lg y = \lg a + b \lg x$

令：$y' = \lg y$，$a' = \lg a$，$x' = \lg x$，则 $y' = a' + bx'$

则可利用一元回归分析法估计参数 a，b。

6 时间序列预测方法

时间序列分析是一种广泛应用的数据分析方法，它主要用于描述和探索现象随时间发展变化的数量规律性。时间序列是一种常见的数据形式，经济数据大多数都以时间序列的形式给出。本章主要从时间序列的特点及影响因素出发，介绍了常用的时间序列分析和预测方法。

6.1 时间序列的构成

时间数列中各项发展水平的发展变化，是由许多复杂因素共同作用的结果。影响因素归纳起来大体有四种：长期趋势、季节变动、循环变动和不规则变动。

（1）长期趋势。长期趋势指现象在一段较长的时间内，由于普遍的、持续的、决定性的基本因素的作用，使发展水平沿着一个方向，逐渐向上或向下变动的趋势。长期趋势是时间序列的主要构成要素，它表示时间序列中的数据不是意外的冲击因素引起的，而是随着时间的推移逐渐发生的变动。认识和掌握事物的长期趋势，可以把握事物发展变化的基本特点。

（2）季节变动。季节变动指现象受季节的影响而发生的变动。即现象在一年内或更短的时间内随着时序的更换，呈现周期重复的变化。季节变动中的"季节"一词是广义的，它不仅仅是指一年中的四季，而且指任何一种周期性的变化。季节变动的原因，既有自然因素又有社会因素。季节变动是一种极为普遍的现象，它是诸如气候条件、节假日等各种因素作用的结果。

（3）循环变动。循环变动指现象发生的周期比较长的涨落起伏变动。多指经济发展兴衰相替之变动。循环变动不同于趋势变动，它不是朝着单一方向的持续运动，而是涨落相间的交替波动；它也不同于季节变动，季节变动有比较固定的规律，而循环变动没有固定的规律。

（4）不规则变动。不规则变动是指时间序列数据在短期内由于偶然因素而引起的无规律的变动。例如战争、自然灾害等偶然因素所导致的不规则变动。

上述各类影响因素的作用，使时间序列的变化，有的具有规律性，如长期趋势变动和季节变动；有的不具有规律性，如不规则变动及循环变动。把这些影响因素同时间序列的关系用一定的数学关系表示出来，就构成了时间序列的分解模型。按四种因素对时间序列的影响方式不同，时间序列可分解为加法模型、乘法模型、混合模型。

6.2 简单平均法

简单平均法是根据已有的 t 期观察值通过简单平均来预测下一期的数值的预测方法。包括算术平均法、加权算术平均法和几何平均法等。

6.2.1 算术平均法

算术平均法是以历史数据的算术平均数直接作为预测值的方法。

设时间序列已有的其观察值为 Y_1，Y_2，$\cdots$，Y_t，则第 $t+1$ 期的预测值 F_{t+1} 为

$$F_{t+1} = \frac{1}{t}(Y_1 + Y_2 + \cdots + Y_t) = \frac{1}{t}\sum_{i=1}^{t} Y_i \tag{6-1}$$

有了第 $t+1$ 期的实际值，便可计算出预测误差为

$$e_{t+1} = Y_{t+1} - F_{t+1} \tag{6-2}$$

6.2.2 加权平均法

考虑每个历史数据 Y_i 的重要性，给予相应的权数 W_i，则第 $t+1$ 期的预测值 F_{t+1} 为

$$F_{t+1} = \frac{\sum\limits_{i=1}^{t} w_i Y_i}{\sum\limits_{i=1}^{t} w_i} \tag{6-3}$$

简单平均法适合对较为平稳的时间序列进行预测，即当时间序列没有趋势时，用该方法较好，但如果时间序列有趋势或季节变动时，该方法的预测不够准确。

6.3 移动平均法

移动平均法是在算术平均法基础上发展起来的一种预测方法。移动平均法是将观察期的数据，按时间先后顺序排列，然后由远及近，以一定的跨越期进行移动平均，求得平均值，并以此为基础，确定预测值的方法。每次移动平均总是在上次移动平均的基础上，去掉一个最远期的数据，增加一个紧跟跨越期后面的新数据，保持跨越期不变，每次只向前移动一步，逐项移动求移动平均值，故称为移动平均法。

移动平均法包括一次移动平均法、二次移动平均法和加权移动平均法等。

6.3.1 一次移动平均法

一次移动平均法是对时间序列的数据按一定跨越期进行移动，逐个计算其移

动平均值，取最后一个移动平均值作为预测值的方法。

一次移动平均法是直接以本期（t 期）移动平均值作为下期（$t+1$ 期）预测值的方法。它有三个特点：（1）预测值是离预测期最近的一组历史数据（实际值）平均的结果；（2）参加平均的历史数据的个数（即跨越期数）是固定不变的；（3）参加平均的一组历史数据是随着预测期的向前推进而不断更新的，每当吸收一个新的历史数据参加平均的同时，就剔除原来一组历史数据中离预测期最远的那个历史数据，一次移动平均法的预测模型为：

$$\bar{y}_{t+1} = M_t^{(1)} = \frac{y_t + y_{t-1} + \cdots + y_{t-n+1}}{n} \tag{6-4}$$

式中 $\bar{y}_{t+1}$ ——$t+1$ 期的预测值；

       $M_t^{(1)}$ ——t 期一次移动平均值；

       n——跨越期数，即参加移动平均的历史数据的个数。

对于式（6-4），当 $n=5$ 时有：

$$M_5^{(1)} = \frac{y_5 + y_4 + y_3 + y_2 + y_1}{5}$$

$$M_6^{(1)} = \frac{y_6 + y_5 + y_4 + y_3 + y_2}{5}$$

[**例 6-1**] 某仪器企业 1~10 月冷冻仪器销售额见表 6-1，预测 11 月的冷冻食品销售额（单位：万元）。

表 6-1 某仪器企业 1~10 月冷冻仪器销售额
及一次移动平均法计算结果

月份	销售额 y_t	$n = 3$		$n = 5$	
		$M_t^{(1)}$	$\lvert e_t \rvert$	$M_t^{(1)}$	$\lvert e_t \rvert$
(1)	(2)	(3)	(4)	(5)	(6)
1	43.9				
2	43.6				
3	48.9				
4	55.1	45.5	9.6		
5	60.6	49.2	11.4		
6	63.9	54	9.0	50.4	13.5
7	65.6	59.9	15.7	54.4	11.2
8	69.1	63.4	5.7	58.8	10.3
9	69.9	66.5	3.4	63.0	6.9
10	71.5	68.5	3	66.0	5.5

月份	销售额 y_t	$n = 3$		$n = 5$	
		$M_t^{(1)}$	$\lvert e_t \rvert$	$M_t^{(1)}$	$\lvert e_t \rvert$
11		70. 2		68. 0	
合计			56. 8		46. 4

上表中，当移动期 $n = 3$ 时，第（3）栏有：

$$M_3^{(1)} = \frac{y_3 + y_2 + y_1}{3} = \frac{48.9 + 43.6 + 43.9}{3} = 45.5$$

$$M_4^{(1)} = \frac{y_4 + y_3 + y_2}{3} = \frac{55.1 + 48.9 + 43.6}{3} = 49.2$$

$$\cdots$$

$$M_{10}^{(1)} = \frac{y_{10} + y_9 + y_8}{3} = \frac{71.5 + 69.9 + 69.1}{3} = 70.2$$

当移动期数 $n = 5$ 时，第（5）栏有：

$$M_5^{(1)} = \frac{y_5 + y_4 + y_3 + y_2 + y_1}{5}$$

$$= \frac{60.6 + 55.1 + 48.9 + 43.6 + 43.9}{5} = 50.4$$

$$M_6^{(1)} = \frac{y_6 + y_5 + y_4 + y_3 + y_2}{5}$$

$$= \frac{63.9 + 60.6 + 55.1 + 48.9 + 43.6}{5} = 54.4$$

$$\vdots$$

$$M_{10}^{(1)} = \frac{y_{10} + y_9 + y_8 + y_7 + y_6}{5}$$

$$= \frac{71.5 + 69.9 + 69.1 + 65.6 + 63.9}{5} = 68$$

从表 6-1 中，我们可以看出 11 月份的销售额的预测值有两个数字，当 $n = 3$ 时，为 70. 2 万元，当 $n = 5$ 时，为 68 万元。哪一个数字的预测误差小精确度高呢？我们可以进一步计算它们的平均绝对误差来判断。

当 $n = 3$ 时的绝对误差见第（4）栏

$$\lvert e_4 \rvert = \lvert 55.1 - 45.5 \rvert = 9.6$$

$$\lvert e_5 \rvert = \lvert 60.6 - 49.2 \rvert = 11.4$$

$$\vdots$$

$$\lvert e_{10} \rvert = \lvert 71.5 - 68.5 \rvert = 3$$

平均绝对误差为：$\dfrac{\sum |e_t|}{n} = \dfrac{56.8}{7} = 8.1$

当 $n = 5$ 时的绝对误差见第（6）栏

$$|e_6| = |63.9 - 50.4| = 13.5$$

$$|e_7| = |65.6 - 54.4| = 11.2$$

$$\vdots$$

$$|e_{10}| = |71.5 - 66| = 5.5$$

平均绝对误差为：$\dfrac{\sum |e_t|}{n} = \dfrac{46.4}{5} = 9.3$

由于 $n = 5$ 时预测误差明显大于 $n = 3$ 时的预测误差，因此舍弃 $n = 5$ 时的预测结果 68 万元，采用 $n = 3$ 时的预测结果 70.2 万元，即 11 月份冷冻食品销售预测值是 70.2 万元。

一次移动平均法一般适用于时间序列数据是水平型变动的预测。不适用于明显的长期变动趋势和循环型变动趋势的时间序列预测。从表 6-1 中，我们不难发现，尽管 $n = 3$ 时预测效果比 $n = 5$ 时要好一些，可是在 $n = 3$ 时，从 4 月份至 10 月份的理论预测值（见第（3）栏）都低于同期的实际销售值（见第（2）栏），预测误差都是正数。这说明一次移动平均法对于有长期变动趋势的时间序列不太适合，它有滞后性。如果有明显的长期变动趋势，应用一次移动平均法滞后性更大，预测误差也更大。

对于有明显长期变动趋势的时间序列的预测，一次移动平均法是不适宜的，而要应用二次移动平均法。

6.3.2 二次移动平均法

二次移动平均法，是对一次移动平均数再进行第二次移动平均，再以一次移动平均值和二次移动平均值为基础建立预测模型，计算预测值的方法。

如上所述，运用一次移动平均法求得的移动平均值，存在滞后偏差。特别是在时间序列数据呈现线性趋势时，移动平均值总是落后于观察值数据的变化。二次移动平均法，正是要纠正这一滞后偏差，建立预测目标的线性时间关系数学模型，求得预测值。二次移动平均预测法解决了预测值滞后于实际观察值的矛盾，适用于有明显趋势变动的市场现象时间序列的预测，同时它还保留了一次移动平均法的优点。二次移动平均法适用于时间序列，呈现线性趋势变化的预测。

二次移动平均值的公式为：

$$M_t^{(1)} = \frac{y_t + y_{t-1} + \cdots + y_{t-n+1}}{n}$$

$$M_t^{(2)} = \frac{M_t^{(1)} + M_{t-1}^{(1)} + \cdots + M_{t-n-1}^{(1)}}{n} \tag{6-5}$$

式中　Y_t——时间序列中第 t 期观察值；

$M_t^{(1)}$——第 t 期的一次移动平均值；

$M_t^{(2)}$——第 t 期的二次移动平均值；

n——计算移动平均值的跨越期。

二次移动平均预测法的预测模型为：

$$\hat{Y}_{t+T} = a_t + b_t T \tag{6-6}$$

式中

$$\begin{cases} a_t = 2M_t^{(1)} - M_t^{(2)} \\ b_t = \dfrac{2}{n-1}(M_t^{(1)} - M_t^{(2)}) \end{cases} \tag{6-7}$$

式中，T 是由 t 期至预测期的时期数；a_t 为截距；b_t 为斜率。

[**例 6-2**] 用例 6-1 某企业 1～10 月份冷冻食品销售资料，用二次移动平均法预测 11 月份和 12 月份冷冻食品销售额。计算结果如表 6-2 所示（单位：万元）。

表 6-2　二次移动平均法计算结果　　　（万元）

月份	销售额 Y_t	$M_t^{(1)} n = 3$	$M_t^{(2)} n = 3$	a_t	b_t	理论预测测值 $\hat{Y}_{t+1}$	预测误差绝对值
1	43.9						
2	43.6						
3	48.9	45.5					
4	55.1	49.2					
5	60.6	54.0	49.6	58.4	4.4		
6	63.9	59.9	54.4	65.4	5.5	62.8	1.1
7	65.6	63.4	59.1	67.7	4.3	70.9	5.3
8	69.1	66.5	63.3	69.7	2.2	72	2.9
9	69.9	68.5	66.1	70.9	2.4	71.9	2
10	71.5	70.5	68.5	72.5	2	73.3	1.8

具体步骤如下：

（1）列表求出一次移动平均值和二次移动平均值，n 取 3，先求出一次移动平均值。对一次移动平均值再做移动，求出二次平均值（n 也取 3）。由式（6-5）

得：

$$M_5^{(2)} = \frac{M_5^{(1)} + M_4^{(1)} + M_3^{(1)}}{3}$$

$$= \frac{54 + 49.2 + 45.5}{3} = 49.6(万元)$$

$$M_6^{(2)} = \frac{M_6^{(1)} + M_5^{(1)} + M_4^{(1)}}{3}$$

$$= \frac{59.9 + 54 + 49.2}{3} = 54.4(万元)$$

$$\vdots$$

$$M_{10}^{(2)} = \frac{M_{10}^{(1)} + M_9^{(1)} + M_8^{(1)}}{3}$$

$$= \frac{70.5 + 68.5 + 66.5}{3} = 68.5(万元)$$

（2）求各期 a_t、b_t 的值。根据式（6-7）得：

$$a_5 = 2M_5^{(1)} - M_5^{(2)} = 2 \times 54 - 49.6 = 58.4(万元)$$

$$\vdots$$

$$a_{10} = 2M_{10}^{(1)} - M_{10}^{(2)} = 2 \times 70.5 - 68.5 = 72.5(万元)$$

$$b_5 = \frac{2}{n-1}(M_5^{(1)} - M_5^{(2)}) = \frac{2}{3-1}(54 - 49.6) = 4.4(万元)$$

$$\vdots$$

$$b_{10} = \frac{2}{n-1}(M_{10}^{(1)} - M_{10}^{(2)}) = \frac{2}{3-1}(70.5 - 68.5) = 2(万元)$$

（3）建立预测模型，计算预测值。

根据式（6-6）：$\hat{Y}_{t+T} = a_t + b_t T$

本题预测模型为：$\hat{Y}_{10+T} = a_{10} + b_{10}T = 72.5 + 2T$

11 月份销售额预测值为：

$$\hat{Y}_{11} = \hat{Y}_{10+1} = 72.5 + 2 \times 1 = 74.5(万元)$$

12 月销售额预测值为

$$\hat{Y}_{12} = \hat{Y}_{10+2} = 72.5 + 2 \times 2 = 76.5(万元)$$

（4）分析预测误差，确定最后预测值

首先，计算观察期内的理论预测值 $\hat{Y}_{t+1}$

$$\hat{Y}_6 = \hat{Y}_{5+1} = a_5 + b_5 T = 58.4 + 4.4 \times 1 = 62.8(万元)$$

$$\vdots$$

$$\hat{Y}_{10} = \hat{Y}_{9+1} = a_9 + b_9 T = 70.9 + 2.4 \times 1 = 73.3(万元)$$

其次，计算实际观察值 Y_t 与理论预测值 $\hat{Y}_{t+1}$ 的预测误差绝对值 $|Y_t - \hat{Y}_{t+1}|$，它们分别是：

$$|63.9 - 62.8| = 1.1$$
$$|65.6 - 70.9| = 5.3$$
$$\vdots$$
$$|71.5 - 73.3| = 1.8$$

最后计算平均绝对误差：

$$\frac{\sum |e_t|}{n} = \frac{13.1}{5} = 2.62$$

这说明预测误差比较小，11 月份销售预测值为 74.5 万元，12 月份销售额预测值为 76.5 万元。

本例题应用一次移动平均法，11 月份销售额预测值仅为 70.5 万元，而采用二次移动平均法，11 月份销售额预测值为 74.5 万元。这后一数字更符合实际情况。这说明二次移动平均法对预测长期趋势变动的时间序列，更具有科学性、合理性。

需要说明，在表 6-2 中，可以看出，观察期内 a_t、b_t 值是有所变化的，这样就保留了事物客观存在的波动。最后一个 a_t、b_t 值是固定的。因此，二次移动平均法不但可以用于短期预测，也可用于近期预测。

6.3.3 加权移动平均法

加权移动平均法是对时间序列各个数据给予不同权数，并计算出加权后的移动平均值，并以最后加权移动平均值为基础确定预测值的方法。权数的确定与前面所说加权平均法一样，对距预测期近的观察值给予较大权数，对距预测期远的观察值给予小些的权数，借以调节各观察值对预测值的影响作用，使预测值能更好地反映客观实际的变化趋势。

加权移动平均值的公式为：

$$\hat{Y}_{t+1} = \frac{W_t Y_t + W_{t-1} Y_{t-1} + \cdots + W_{t-n+1} Y_{t-n+1}}{\sum W_t} \tag{6-8}$$

式中　$\hat{Y}_{t+1}$——加权移动平均预测值；

　　Y_t——时间序列中第 t 期观察值；

　　W_t——移动平均的权数；

　　n——移动跨越期，$t = 1, 2, \cdots n$。

[例 6-3] 某公司 1~7 月 A 产品销售量如表 7-6 所示，用加权移动平均法预测 A 产品月份销售量（单位：万个）。

表 6-3 某公司 1~7 月 A 产品销售量及加权移动平均法计算结果 （万个）

月份	销售量 Y_t	加权移动平均数 $\hat{Y}_{t+1}$	预测误差平均值 $|Y_t - \hat{Y}_{t+1}|$
1	110		
2	120		
3	115		
4	125	115.8	9.2
5	120	120.8	0.8
6	125	120.8	4.2
7	122	123.3	1.3
		122.3	

我们取移动期数 $n = 3$，权数由远到近分别为 1、2、3。

根据 $n = 3$，权数为 $W_3 = 3$，$W_2 = 2$，$W_1 = 1$，分别计算加权移动平均数：

$$\hat{Y}_4 = \hat{Y}_{3+1} = \frac{W_3 Y_3 + W_2 Y_2 + W_1 Y_1}{W_3 + W_2 + W_1}$$

$$= \frac{3 \times 115 + 2 \times 120 + 1 \times 110}{3 + 2 + 1}$$

$$= 115.8 (万个)$$

$$\hat{Y}_5 = \hat{Y}_{4+1} = \frac{W_3 Y_4 + W_2 Y_3 + W_1 Y_2}{W_3 + W_2 + W_1}$$

$$= \frac{3 \times 125 + 2 \times 115 + 1 \times 120}{3 + 2 + 1}$$

$$= 120.8 (万个)$$

$$\vdots$$

$$\hat{Y}_7 = \hat{Y}_{6+1} = \frac{W_3 Y_6 + W_2 Y_5 + W_1 Y_4}{W_3 + W_2 + W_1}$$

$$= \frac{3 \times 125 + 2 \times 120 + 1 \times 125}{3 + 2 + 1}$$

$$= 123.3 (万个)$$

由于题目要求预测 8 月份 A 产品销售量，所以

$$\hat{Y}_8 = \hat{Y}_{7+1} = \frac{W_3 Y_7 + W_2 Y_6 + W_1 Y_5}{W_3 + W_2 + W_1}$$

$$= \frac{3 \times 122 + 2 \times 125 + 1 \times 120}{3 + 2 + 1}$$

$$= 122.3 (万个)$$

由此可知，预测 8 月份 A 产品销售量为 122.3 万个。要判断预测误差，这里求平均绝对误差：

$$\frac{\sum |e_t|}{n} = \frac{9.2 + 0.8 + 4.2 + 1.3}{4} = 3.88$$

可以看出，预测误差还是比较小，预测结果可以采纳。

应用加权移动平均法，最好采用几种不同的权数方案，求出它们对应的加权移动平均数，再比较它们的预测误差，从中选择预测误差最小的加权移动平均数作为预测值。

6.4 指数平滑法

指数平滑法就是赋予序列中近期数据以较大的权数，远期数据以较小的权数的原则来平均这些数据，从而得到预测值。即以一段时期的预测值与观察值的线性组合作为第 $t+1$ 期的预测值，其预测模型为：

$$F_{t+1} = \alpha Y_t + (1 - \alpha) F_t \tag{6-9}$$

式中　Y_t——第 t 期的实际观察值；

　　　F_t——第 t 期的预测值；

　　　a——平滑系数（$0<a<1$）。

不同的 a 会对预测结果产生不同的影响。一般而言，当时间序列有较大的随机波动时，宜选较大的 a，以便能很快跟上近期的变化；当时间序列比较平稳时，宜选较小的 a。选择 a 时，还应考虑预测误差，可以用误差均方来衡量预测误差的大小，可选择几个 a 进行预测，然后找出预测误差最小的作为最后的值。

[例 6-4] 根据 1986~2000 年中国居民消费价格指数数据，选择适当的平滑系数进行指数平滑预测，计算预测误差，并将原序列和预测后的序列绘制成图形进行比较。

解：用 Excel 进行指数平滑预测

第 1 步：选择"工具"下拉菜单。

第 2 步：选择"数据分析"选项，并选择"指数平滑"，然后确定。

第 3 步：当对话框出现时：

在"输入区域"中输入数据区域；

在"阻尼系数"（注意：阻尼系数 = 1-a）中输入 1-a 的值；

选择"确定"。

比较各误差平方可知 $a = 0.9$ 时预测效果最好。不同的预测值和实际观测值的图形如图 6-1 所示。

	A	B	C	D	E	F	G	H
1	年份	消费价格指数	α=0.5	误差平方	α=0.7	误差平方	α=0.9	误差平方
2	1986	106.5						
3	1987	107.3	106.5	0.6	106.5	0.6	106.5	0.6
4	1988	118.8	106.9	141.6	107.1	137.8	107.2	134.1
5	1989	118.0	112.9	26.5	115.3	7.4	117.6	0.1
6	1990	103.1	115.4	151.9	117.2	198.3	118.0	220.9
7	1991	103.4	109.3	34.4	107.3	15.4	104.6	1.4
8	1992	106.4	106.3	0.0	104.6	3.3	103.5	8.3
9	1993	114.7	106.4	69.5	105.9	78.3	106.1	73.8
10	1994	124.1	110.5	184.1	112.0	145.3	113.8	105.2
11	1995	117.1	117.3	0.0	120.5	11.5	123.1	35.7
12	1996	108.3	117.2	79.4	118.1	96.3	117.7	88.3
13	1997	102.8	112.8	99.1	111.2	71.3	109.2	41.5
14	1998	99.2	107.8	73.6	105.9	37.6	103.4	18.0
15	1999	98.6	103.5	23.9	101.0	6.0	99.6	1.0
16	2000	100.4	101.0	0.4	99.3	1.1	98.7	2.9
17	2001		100.7		100.1		100.2	
18	合计	—		884.9	—	810.3	—	731.9

图 6-1　Excel 输出的指数平滑预测结果

消费价格指数的指数平滑趋势，见图 6-2。

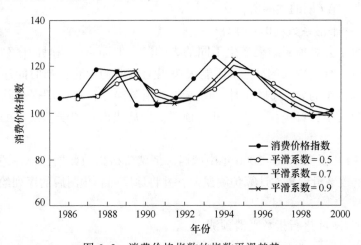

图 6-2　消费价格指数的指数平滑趋势

6.5 趋势预测法

6.5.1 直线趋势预测

当现象的发展近似为线性增长时，可选用直线方程作为趋势线方程外推预测。直线趋势方程为：

$$\hat{Y}_t = a + bt \qquad\qquad (6-10)$$

根据最小二乘法求解 a，b 得到

$$\begin{cases} b = \dfrac{n \sum tY - \sum t \sum Y}{n \sum t^2 - (\sum t)^2} \\ a = \bar{Y} - b\bar{t} \end{cases} \tag{6-11}$$

6.5.2　二次曲线趋势预测

当现象的发展趋势为抛物线形态时，可选用二次曲线方程作预测。

二次曲线方程一般形式为

$$\hat{Y}_t = a + bt + ct^2 \tag{6-12}$$

根据最小二乘法求 a，b，c 的标准方程

$$\sum Y = na + b \sum t + c \sum t^2$$

$$\sum tY = a \sum t + b \sum t^2 + c \sum t^3$$

$$\sum t^2 Y = a \sum t^2 + b \sum t^3 + c \sum t^4 \tag{6-13}$$

6.5.3　指数曲线趋势预测

如时间序列的各期环比发展速度大体相同，即发展近似为等比速度时，可用指数曲线作为趋势线。指数曲线方程为

$$\hat{Y}_t = ab^t \tag{6-14}$$

a，b 为未知常数：

若 $b>1$，增长率随着时间 t 的增加而增加；

若 $b<1$，增长率随着时间 t 的增加而降低；

若 $a>0$，$b<1$，趋势值逐渐降低到以 0 为极限。

a，b 的求解方法：

（1）采取"线性化"手段将其化为对数直线形式，即对方程两边取对数

$$\lg y = \lg a + t \lg b$$

令：$y' = \lg y$，$a' = \lg a$，$b' = \lg b$，则 $y' = a' + b't$

（2）求出 a' 和 b' 后，再取其反对数，即得 a 和 b。

6.5.4　Gompertz 曲线

以英国统计学家和数学家 B·Gompertz 的名字而命名，描述的现象：初期增长缓慢，以后逐渐加快，当达到一定程度后，增长率又逐渐下降，最后接近一条水平线；两端都有渐近线，上渐近线为 $Y \to K$，下渐近线为 $Y \to 0$。

（1）一般形式为

$$\overset{\wedge}{y_t} = ka^{b^t} \tag{6-15}$$

式中，K，a，b 为未知常数。

$K>0$，$0<a\neq1$，$0<b\neq1$。

（2）求解 K，a，b 的三种方法：

①将其改写为对数形式：$\lg \overset{\wedge}{y_t} = \lg k + (\lg a)b^t$；

②求出 $\lg a$、$\lg K$、b；

③取 $\lg a$、$\lg K$ 的反对数求得 a 和 K。

令

$$S_1 = \sum_{t=1}^{m} \lg y_t, \quad S_2 = \sum_{t=m+1}^{2m} \lg y_t, \quad S_3 = \sum_{t=2m+1}^{3m} \lg y_t$$

则有

$$\begin{cases} b = \left(\dfrac{S_3 - S_2}{S_2 - S_1}\right)^{\frac{1}{m}} \\[2mm] \lg a = (S_2 - S_1)\dfrac{b-1}{(b^m-1)^2} \\[2mm] \lg k = \dfrac{1}{m}\left(S_1 - \dfrac{b^m-1}{b-1} \times \lg a\right) \end{cases} \tag{6-16}$$

[例6-5] 我国 1983~2000 年的糖产量数据如图 6-3 所示。试确定曲线方程，计算出各期的趋势值和预测误差，预测 2001 年的糖产量，并将原序列和各期的趋势值序列绘制成图形进行比较。

	A	B	C	D
1	年份	糖产量（万吨）	年份	糖产量（万吨）
2	1983	377	1992	771
3	1984	380	1993	592
4	1985	451	1994	559
5	1986	525	1995	640
6	1987	506	1996	703
7	1988	501	1997	826
8	1989	582	1998	861
9	1990	640	1999	700
10	1991	829	2000	623

图 6-3 我国 1983~2000 年糖产量数据

解：有关的计算过程和中间结果列在图 6-4 中。

将该表中的结果代入式（6-16）中，可得

$$a = 0.443436$$

$$b = 0.7979131$$

$$k = 774.462393$$

	A	B	C	D	E	F	G
1	年份	t	糖产量Y	lg(Y)	预测值	残差	残差平方
2	1983	1	377	2.576341	343.4	33.6	1127.3
3	1984	2	380	2.579784	404.8	-24.8	613.3
4	1985	3	451	2.654177	461.5	-10.5	109.8
5	1986	4	525	2.720159	512.4	12.6	159.3
6	1987	5	506	2.704151	557.0	-51.0	2599.8
7	1988	6	501	2.699838	595.4	-94.4	8902.8
8	S1	—	2740	15.934449	2874.4	—	13512.3
9	1989	7	582	2.764923	627.9	-45.9	2102.6
10	1990	8	640	2.806180	655.1	-15.1	226.6
11	1991	9	829	2.918555	677.6	151.4	22921.7
12	1992	10	771	2.887054	696.1	74.9	5603.1
13	1993	11	592	2.772322	711.3	-119.3	14234.1
14	1994	12	559	2.747412	723.6	-164.6	27106.4
15	S2	—	3973	16.896445	4091.6	—	72194.7
16	1995	13	640	2.806180	733.6	-93.6	8767.4
17	1996	14	703	2.846955	741.7	-38.7	1498.3
18	1997	15	826	2.916980	748.2	77.8	6050.7
19	1998	16	861	2.935003	753.4	107.6	11568.0
20	1999	17	700	2.845098	757.6	-57.6	3323.1
21	2000	18	623	2.794488	761.0	-138.0	19048.1
22	S3	—	4353	17.144705	4495.7	—	50255.6

图 6-4 计算中间结果

糖产量的 Gompertz 曲线方程为
$$\hat{Y}_t = 774.462393 \times 0.443436^{0.7979131^t}$$
2001 年糖产量的预测值（$t = 19$）
$$\hat{Y}_t = 774.462393 \times 0.443436^{0.7979131^{19}} = 736.21（万吨）$$
预测的估计标准误差
$$S_y = 95.0429$$
将各期趋势值及原序列绘成图6-5，可以看出糖产量的趋势形态。

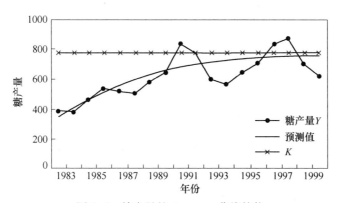

图 6-5 糖产量的 Gompertz 曲线趋势

6.6 季节变动预测法

季节变动是时间序列普遍存在的一种变动规律。根据时间序列中所包含的季节变动规律性，对预测目标的未来状况做出预测的方法称为季节变动预测法。

6.6.1 季节指数

刻画序列在一个年度内各月或季的典型季节特征，以其平均数等于100%为条件而构成，反映某一月份或季度的数值占全年平均数值的大小，如果现象的发展没有季节变动，则各期的季节指数应等于100%，季节变动的程度是根据各季节指数与其平均数（100%）的偏差程度来测定的。

6.6.2 无趋势变动的季节模型

对于不含趋势变动，只含季节变动的时间序列，采用季节水平模型进行预测。

季节水平模型为：

$$y = \bar{y} \times f \tag{6-17}$$

式中，$\bar{y}$ 为时序的平均水平；f 为季节指数。

f = 历年同季（月）平均数/已知年份季（月）总平均数

6.6.3 含趋势变动的季节模型

6.6.3.1 季节型叠加趋势预测模型

时间序列既有季节变动又有趋势变动，而且每年出现的季节变动幅度不随市场现象的趋势变动而变化，可建立如下模型：

$$Y = a + bt + d_i \tag{6-18}$$

求解步骤：

（1）先确定趋势直线方程，求得趋势值 $F_t = a + bt$。

（2）再确定季节增量：

$$d_t = Y - F_t$$

$$d_i = \frac{d_t + d_{t+T} + \cdots + d_{t+(m-1)T}}{m} \tag{6-19}$$

$t = 1, 2, \cdots, 12$（月度），或 $t = 1, 2, 3, 4$（季度）。

m 为已知时序数据季节周期数。

6.6.3.2 季节型交乘趋势预测模型

时间序列既有季节变动又有趋势变动，而且每年出现的季节变动幅度随市场现象的趋势变动而加大，可建立如下模型：

$$Y = (a + bt) \cdot f_i \tag{6-20}$$

求解步骤：

（1）先确定趋势直线方程，求得趋势值 $F_t = a + bt$。

（2）计算季节指数：

$$S_t = \frac{Y}{F_t}$$

$$f_i = \frac{S_t + S_{t+T} + \cdots + S_{t+(m-1)T}}{m} \tag{6-21}$$

6.6.4 应用举例

[**例6-6**] 某产品收购量（单位：万件）季度资料如表6-4所示。试用季节叠加模型和季节交乘模型分别对2002年各季度收购量进行预测。

表6-4 某产品收购量数据及计算结果 （万件）

时间（季度）		收购量 y	t	ty	t^2	F_t	S_t	d_t
1999年	1	31	1	31	1	32.1	96.6	-1.1
	2	38	2	76	4	32.9	115.5	5.1
	3	31	3	93	9	33.7	92.0	-2.7
	4	34	4	136	16	34.4	98.8	-0.4
2000年	1	30	5	150	25	35.2	85.2	-5.2
	2	41	6	246	36	36.0	113.9	5
	3	36	7	252	49	36.8	97.8	-0.8
	4	40	8	320	64	37.6	106.4	2.4
2001年	1	34	9	306	81	38.4	88.5	-4.4
	2	41	10	410	100	39.2	104.6	1.8
	3	39	11	429	121	40.0	97.5	-1
	4	42	12	504	144	40.7	103.2	1.3
合计		437	78	2953	650	437		

求解步骤：

（1）求趋势值

将表中数据代入参数估计式（6-11）可得

$$\begin{cases} b = \dfrac{n\sum tY - \sum t \sum Y}{n\sum t^2 - (\sum t)^2} = \dfrac{12 \times 2953 - 78 \times 437}{12 \times 650 - 78^2} = 0.7867 \\ a = \bar{Y} - b\bar{t} = \dfrac{437}{12} - 0.7867 \times \dfrac{78}{12} = 31.3031 \end{cases}$$

则趋势方程为

$$y = a + bt = 31.3031 + 0.7867t$$

将各个 t 值分别代入方程，即可求出各个势值 F_t，见表 6-4 中第 6 列。

（2）求季节指数

根据表 6-4 中第 7 列 S_t 可得：

$$f_1 = (96.6 + 85.2 + 88.5)/3 = 90.1\%$$

$$f_2 = (115.5 + 113.9 + 104.6)/3 = 111.3\%$$

$$f_3 = (92 + 97.8 + 97.5)/3 = 95.8\%$$

$$f_4 = (98.8 + 106.4 + 103.2)/3 = 102.8\%$$

根据表 6-4 中第 8 列 d_t 可得：

$$d_1 = (-1.1 - 5.2 - 4.4)/3 = -3.57$$

$$d_2 = (5.1 + 5 + 1.8)/3 = 3.97$$

$$d_3 = (-2.7 - 0.8 - 1)/3 = -1.5$$

$$d_4 = (-0.4 + 2.4 + 1.3)/3 = 1.1$$

（3）分别将 $t = 13$，14，15，16 代入趋势线方程进行外推，即可求出 2002 年 1~4 季度的趋势值，并与季节指数相乘或相加可得预测值。

用季节交乘模型 $y = F_t f_i$ 可得预测值：

$$Y_1 = 37.4 \qquad Y_2 = 47.1 \qquad Y_3 = 41.3 \quad Y_4 = 45.1$$

用季节叠加模型 $y = F_t + d_i$ 可得预测值：

$$Y_1 = 37.93 \quad Y_2 = 46.27 \quad Y_3 = 41.6 \quad Y_4 = 45$$

7 灰色预测法

7.1 灰色系统理论概述

灰色系统理论,是在一般系统理论的基础上产生的,它是系统科学思想发展的必然产物,是社会经济深入发展对科学刺激和需要的产物。当我们认识与研究自然和社会时,要从系统的角度出发,从宏观上对其进行深入的剖析和整体把握。在实际中,我们首先要对事物进行系统性认识,进而对已有的系统进行有效控制以及设计一些最优系统来为人民服务。对系统进行控制就要通过系统内部和外部的信息和信息流来加以实施,通过对信息的控制进而达到对系统本身的控制。

但是无论是现代控制理论还是经典控制理论,它们都要依赖正确而精确的数学模型,否则,一切都很难取得满意的结果。然而,在现实生活中,有许多情况不大可能求得精确的数学模型,如工业系统、生物系统、经济系统、社会系统等。若得不出精确的数学模型,现代控制理论的方法和手段就无法施行,因而,现代控制理论对一些研究对象也鞭长莫及。

当人们对这些问题进行潜心研究时,查德于 1965 年首创模糊理论,第一次用精确的数学方式来分析和研究模糊量,取得了新的突破,随后,模糊集合论迅速应用于控制领域,收到了良好的效果。模糊控制能够对一些无法构造数学模型的系统进行控制,但模糊控制也表现出固有的弱点,即信息利用率低,控制粗糙、精度低等。因而,在要求高精度的情况下,这种控制难以胜任,并且它也未能对被控对象的运动规律作深刻的阐明,故模糊控制有它的局限性,只适应于一些特有的模糊系统。

经典控制理论、现代控制理论和模糊控制理论都有一个共同点,那就是它们所研究的对象系统必须是白色系统(信息完全确知的系统),而事实上,无论是自然系统还是社会系统,宏观系统还是微观系统,无生命系统还是有生命系统,对我们认识的主体来说,总是信息不完全的,很难说明一个系统的内部参数是完全的。毫无疑问,内部参数不完全的系统具有极为普遍的意义。就像模糊理论的诞生一样,灰色系统理论也应运而生了。

灰色系统理论是我国学者邓聚龙教授于 20 世纪 80 年代初创立并发展的理论,它把一般系统论,信息论和控制论的观点和方法延伸到社会,经济,生态等抽象系统,结合运用数学方法发展的一套解决灰色系统的理论和方法,30 多年来，灰色系统理论引起了国内外学者的广泛关注。灰色系统理论已成功应用到工业，农业，社会，经济等众多领域，解决了生产，生活和科学研究中的大量实际问题。

灰色系统理论经过30多年的发展，已基本建立起一门新兴的结构体系，其研究内容主要包括：灰色系统建模理论、灰色系统控制理论、灰色关联分析方法、灰色预测方法、灰色规划方法、灰色决策方法等。

灰色系统：信息不完全或者说不充分的系统，称之为灰色系统。如果用"黑"表示信息缺乏，用"白"表示信息完全、明确，则"灰"即表示部分信息已知、部分信息未知。因此，可以说灰色系统是介于黑色与白色系统之间的系统，其信息不完全，具体体现在：

（1）构成系统的因素不完全明确；

（2）系统内部因素相互关系不完全清楚；

（3）系统的结构不完全知道；

（4）系统的行为或者说作用原理不完全明了；

（5）系统的边界不清楚。

灰色系统理论与模糊数学的区别主要体现在对系统内涵与外延处理上的不同。模糊数学：内涵明确，外延不明确。例："这个城市很年轻"，"很年轻"是一个模糊概念，它所定义的范围不明确。而灰色系统：外延明确而内涵不明确。例："这个城市大约500年历史"，我们对城市的具体历史不清楚，即内涵不明确。只能用"大约"表示信息的缺乏。

在灰色系统理论中，灰色关联分析是其基础，灰色GM模型是其核心内容。灰色关联分析是灰色系统理论提出的一种系统分析方法，用以量化灰色系统中因素之间的相互关系。灰色GM模型是通过独特的数据处理（数据累加生成）方法来建立微分方程模型，提供了一种建模的新手段。以灰色关联分析、灰色GM模型为其基本内容，结合其他数学方法如统计学、运筹学等，灰色系统理论演化发展了一系列用以系统分析、预测、系统建模、系统决策和控制等技术和方法体系。

7.2 灰色预测的类型

灰色预测通过鉴别系统因素之间发展趋势的相异程度，即进行关联分析，并对原始数据进行生成处理来寻找系统变动的规律，生成有较强规律性的数据序列，然后建立相应的微分方程模型，从而预测事物未来发展趋势的状况。灰色预测用等时距观测到的反映预测对象特征的一系列数量值构造灰色预测模型，预测未来某一时刻的特征量，或达到某一特征量的时间。

灰色预测一般分为四种类型：

（1）灰色时间序列预测；即用观察到的反映预测对象特征的时间序列来构造灰色预测模型，预测未来某一时刻的特征量，或达到某一特征量的时间。

（2）畸变预测；即通过灰色模型预测异常值出现的时刻，预测异常值什么时候出现在特定时区内。如对地震时间的预测。

（3）系统预测；通过对系统行为特征指标建立一组相互关联的灰色预测模型，预测系统中众多变量间的相互协调关系的变化。

（4）拓扑预测；将原始数据作曲线，在曲线上按定值寻找该定值发生的所有时点，并以该定值为框架构成时点数列，然后建立模型预测该定值所发生的时点。

7.3 灰色关联分析

灰色系统理论提出了对各子系统进行灰色关联分析的概念，意图透过一定的方法，去寻求系统中各子系统（或因素）之间的数值关系。因此，灰色关联分析对于一个系统发展变化态势提供了量化的度量，非常适合动态历程分析。灰色关联分析的基本任务是基于行为因子序列的微观或宏观几何接近，以分析和确定因子间的影响程度或因子对主行为的贡献程度。具体地说，灰色关联分析是根据因素之间发展态势的相似或相异程度来衡量因素之间的关联程度的一种系统分析方法。

7.3.1 关联度定义

对于两个系统之间的因素，其随时间或不同对象而变化的关联性大小的量度，称为关联度。在系统发展过程中，若两个因素变化的趋势具有一致性，即同步变化程度较高，即可谓二者关联程度较高；反之，则较低。因此，灰色关联分析方法，是根据因素之间发展趋势的相似或相异程度，亦即"灰色关联度"，作为衡量因素间关联程度的一种方法。

7.3.2 关联分析的计算步骤

（1）确定反映系统行为特征的参考数列和影响系统行为的比较数列。反映系统行为特征的数据序列，称为参考数列。影响系统行为的因素组成的数据序列，称比较数列。

（2）对参考数列和比较数列进行无量纲化处理。由于系统中各因素的物理意义不同，导致数据的量纲也不一定相同，不便于比较，或在比较时难以得到正确的结论。因此在进行灰色关联度分析时，一般都要进行无量纲化的数据处理。

（3）计算关联系数。参考数列和比较数列的绝对差为：

$$\Delta_i(k) = \mid x_0(k) - x_i(k) \mid \tag{7-1}$$

最小级差： $$\Delta_{min} = \min_i \min_k \Delta_i(k) \qquad (7-2)$$

最大级差： $$\Delta_{max} = \max_i \max_k \Delta_i(k) \qquad (7-3)$$

关联系数计算公式： $$\xi_i(k) = \frac{\Delta_{min} + \zeta\Delta_{max}}{\Delta_i(k) + \zeta\Delta_{max}} \qquad (7-4)$$

式中，ζ 称为分辨系数，是 $0 \sim 1$ 之间的值，ζ 越大对应关联值越大。通常取 $\zeta = 0.5$。

（4）求关联度。因为关联系数是比较数列与参考数列在各个时刻（即曲线中的各点）的关联程度值，所以它的数不止一个，而信息过于分散不便于进行整体性比较。因此有必要将各个时刻（即曲线中的各点）的关联系数集中为一个值，即求其平均值，作为比较数列与参考数列间关联程度的数量表示。

灰关联度的计算公式： $$r_i = \frac{1}{N}\sum_{k=1}^{N}\xi_i(k) \qquad (7-5)$$

（5）排关联序。因素间的关联程度，主要是用关联度的大小次序描述，而不仅是关联度的大小。将 n 个子序列对同一母序列的关联度按大小顺序排列起来，便组成了关联序，它反映了对于母序列来说各子序列的"优劣"关系。

7.3.3 灰色关联分析应用

灰色关联分析方法在很多领域都得到了应用，根据对关联度的不同理解，可用来进行系统结构功能分析，确定系统的主要因子，也可用来做系统综合评价。

[例 7-1] 某家庭 1998 至 2000 年收入如表 7-1 所示，进行灰色关联分析。

表 7-1　某家庭 1998 至 2000 年收入（10 万元）

年份 收入	1998	1999	2000
总收入（X_0）	20	30	24
工资收入（X_1）	8	10	9
投资收入（X_2）	5	6	7

（1）标准化（无量纲化）。

以 1998 年收入为基准，将表 7-1 进行标准化处理后得表 7-2。

表 7-2　标准化后的数列表

年份 收入	1998	1999	2000
总收入（X_0）	1	1.5	1.2

续表7-2

年份 收入	1998	1999	2000
工资收入（X_1）	1	1.25	1.125
投资收入（X_2）	1	1.2	1.4

（2）求最大差值 $\max\limits_i \max\limits_k \mid X_0(k) - X_i(k) \mid$ 与最小差值 $\min\limits_i \min\limits_k \mid X_0(k) - X_i(k) \mid$

为求得 $\min\limits_i \min\limits_k \mid X_0(k) - X_i(k) \mid$ 及 $\max\limits_i \max\limits_k \mid X_0(k) - X_i(k) \mid$ 值，必须先求出各比较数列与参考数列之对应差数列表，如表7-3所示。

表7-3　对应差数列表

年份 差值 绝对差	1998	1999	2000	$\Delta_{\min}$	$\Delta_{\max}$
$\mid X_0(k) - X_1(k) \mid$	0	0.25	0.075	0	0.25
$\mid X_0(k) - X_2(k) \mid$	0	0.3	0.2	0	0.3

由表7-3对应差数列表得知。各比较数列与参考数列各点对应差值中之最小值：$\min\limits_i \min\limits_k \mid X_0(k) - X_i(k) \mid = 0$，即 $\Delta_{\min} = 0$。

各比较数列与参考数列各点对应差值中之最大值：

$\max\limits_i \max\limits_k \mid X_0(k) - X_i(k) \mid = 0.3$，即 $\Delta_{\max} = 0.3$。

（3）关联系数计算

设分辨系数：$\zeta = 0.5$

1）求比较数列 X_1 对参考数列 X_0 之关联系数 $\xi_1(k)$

① $\xi_1(1) = \dfrac{\Delta_{\min} + \zeta\Delta_{\max}}{\Delta_1(1) + \zeta\Delta_{\max}} = \dfrac{0 + 0.5 \times 0.3}{0 + 0.5 \times 0.3} = 1$

② $\xi_1(2) = \dfrac{\Delta_{\min} + \zeta\Delta_{\max}}{\Delta_1(2) + \zeta\Delta_{\max}} = \dfrac{0 + 0.5 \times 0.3}{0.25 + 0.5 \times 0.3} = 0.375$

③ $\xi_1(3) = \dfrac{\Delta_{\min} + \zeta\Delta_{\max}}{\Delta_1(3) + \zeta\Delta_{\max}} = \dfrac{0 + 0.5 \times 0.3}{0.075 + 0.5 \times 0.3} = 0.667$

2）求比较数列 X_2 对参考数列 X_0 之关联系数 $\xi_2(k)$

① $\xi_2(1) = \dfrac{\Delta_{\min} + \zeta\Delta_{\max}}{\Delta_2(1) + \zeta\Delta_{\max}} = \dfrac{0 + 0.5 \times 0.3}{0 + 0.5 \times 0.3} = 1$

② $\xi_2(2) = \dfrac{\Delta_{\min} + \zeta\Delta_{\max}}{\Delta_2(2) + \zeta\Delta_{\max}} = \dfrac{0 + 0.5 \times 0.3}{0.3 + 0.5 \times 0.3} = 0.333$

③ $\xi_2(3) = \dfrac{\Delta_{\min} + \zeta\Delta_{\max}}{\Delta_2(3) + \zeta\Delta_{\max}} = \dfrac{0 + 0.5 \times 0.3}{0.2 + 0.5 \times 0.3} = 0.429$

（4）求关联度：$r_i = \dfrac{1}{N} \sum\limits_{k=1}^{N} \xi_i(k)$

1）比较数列 X_1 对参考数列 X_0 之关联度

$$r_1 = \frac{1}{3} \sum_{k=1}^{3} \xi_1(k) = \frac{1 + 0.375 + 0.667}{3} = 0.68$$

2）比较数列 X_2 对参考数列 X_0 之关联度

$$r_2 = \frac{1}{3} \sum_{k=1}^{3} \xi_2(k) = \frac{1 + 0.333 + 0.429}{3} = 0.587$$

（5）结论

由上列运算得知：

比较数列 X_1 对参考数列 X_0 之关联度 $r_1 = 0.68$

比较数列 X_2 对参考数列 X_0 之关联度 $r_2 = 0.587$

$$r_1 > r_2$$

故该家庭总收入主要与工资收入关联度较高。

7.4 灰色模型预测

灰色系统建模的主要目标是寻找因素之间和因素本身的动态发展规律，进而对因素的发展变化进行预测，对因素的动态关系进行协调。但对于给定的原始时间序列，多为随机的、无规律的。客观世界尽管复杂，表述其行为的数据可能是杂乱无章的，然而它必然是有序的，都存在着某种内在规律，不过这些规律被纷繁复杂的现象所掩盖，人们很难直接从原始数据中找到某种内在的规律。为了弱化原始时间序列的随机性，在建立灰色预测模型之前，需先对原始时间序列进行数据处理。对原始数据的生成就是企图从杂乱无章的现象中去发现内在规律。

7.4.1 灰色生成

将原始数据列中的数据，按某种要求作数据处理称为生成，常用的灰色系统生成方式有累加生成和累减生成。

累加生成，即通过数列间各时刻数据的依次累加以得到新的数据与数列。累加前的数列称原始数列，累加后的数列称为生成数列。累加生成是使灰色过程由灰变白的一种方法，它在灰色系统理论中占有极其重要地位，通过累加生成可以看出灰量积累过程的发展态势，使离乱的原始数据中蕴含的积分特性或规律加以显化。累加生成是对原始数据列中各时刻的数据依次累加，从而生成新的序列的一种手段。

累减生成，即对数列求相邻两数据的差，累减生成是累加生成的逆运算，累减生成可将累加生成还原为非生成数列，在建模过程中用来获得增量信息。

7.4.2 GM(1，1) 模型

GM(1，1) 模型用于单因素预测，其目标是建立一阶线性微分方程模型

$$\frac{\mathrm{d}x^{(1)}}{\mathrm{d}t} + \alpha x^{(1)} = u \tag{7-6}$$

式中，$x^{(1)}$ 是一次累加生成数据序列；α，u 是通过建模求得的参数，α 称为发展灰数；u 称为内生控制灰数。

建模步骤：

（1）将原始序列 $x^{(0)}$ 的第一个数据作为生成列的第一个数据，将原始序列的第二个数据加到原始序列的第一个数据上，其和作为生成列的第二个数据，将原始序列的第三个数据加到生成列的第二个数据上，其和作为生成列的第三个数据，按此规则进行下去，便可得到生成列。

$$x^{(1)}(t) = \sum_{k=1}^{t} x^{(0)}(k)$$
$$t = 1, 2, \cdots, n \tag{7-7}$$

（2）构造数据矩阵 $\boldsymbol{B}$ 和数据向量 $\boldsymbol{y}_n$。

$$\boldsymbol{B} = \begin{pmatrix} -\dfrac{1}{2}[x^{(1)}(1) + x^{(1)}(2)] & 1 \\ -\dfrac{1}{2}[x^{(1)}(2) + x^{(1)}(3)] & 1 \\ & \cdots \\ -\dfrac{1}{2}[x^{(1)}(n-1) + x^{(1)}(n)] & 1 \end{pmatrix}$$

$$\boldsymbol{y}_n = [x^{(0)}(2), x^{(0)}(3), \cdots, x^{(0)}(n)]^T \tag{7-8}$$

（3）做最小二乘法计算，求 GM（1，1）的参数。

$$\hat{\boldsymbol{a}} = \begin{pmatrix} a \\ u \end{pmatrix} = (\boldsymbol{B}^T\boldsymbol{B})^{-1}\boldsymbol{B}^T\boldsymbol{y}_n \tag{7-9}$$

（4）求微分方程的解。求解微分方程，即可得预测模型：

$$\hat{X}^{(1)}(k+1) = \left[X^{(0)}(1) - \frac{\mu}{a}\right]e^{-ak} + \frac{\mu}{a}, \quad k = 0, 1, 2, \cdots, n \tag{7-10}$$

（5）模型检验。灰色预测检验一般有残差检验、关联度检验和后验差检验。

残差检验：按预测模型计算残差及相对误差

$$\Delta^{(0)}(i) = | X^{(0)}(i) - \hat{X}^{(0)}(i) | \qquad i = 1, 2, \ldots, n$$

$$e(i) = \frac{\Delta^{(0)}(i)}{X^{(0)}(i)} \times 100\% \qquad i = 1, 2, \ldots, n \qquad (7-11)$$

相对误差越小，表示模型精度越高。

关联度检验：根据前面所述关联度的计算方法算出的关联度，根据经验，当 $\zeta = 0.5$ 时，关联度大于 0.6 便满意了。

后验差检验：

1) 计算原始序列标准差：

$$S_1 = \sqrt{\frac{\sum [X^{(0)}(i) - \bar{X}^{(0)}]^2}{n - 1}} \qquad (7-12)$$

2) 计算绝对误差序列的标准差：

$$S_2 = \sqrt{\frac{\sum [\Delta^{(0)}(i) - \bar{\Delta}^{(0)}]^2}{n - 1}} \qquad (7-13)$$

3) 计算方差比：

$$C = \frac{S_2}{S_1} \qquad (7-14)$$

4) 计算小误差概率：

$$P = P\{| \Delta^{(0)}(i) - \bar{\Delta}^{(0)} | < 0.6745 S_1\}$$

$$e_i = | \Delta^{(0)}(i) - \bar{\Delta}^{(0)} | \qquad S_0 = 0.6745 S_1 \qquad P = P\{e_i < S_0\} \qquad (7-15)$$

预测精度等级划分标准，见表 7-4。

表 7-4 预测精度等级划分

P 值	C 值	精确度等级
>0.95	<0.35	好
>0.80	<0.50	合格
>0.70	<0.65	勉强合格
≤0.70	≥0.65	不合格

7.5 灰色预测法案例分析

7.5.1 灰色预测原理

灰色预测是灰色系统理论的重要组成部分，它利用连续的灰色微分模型，对系统的发展变化进行全面的观察分析，并做出长期预测。

灰色系统是部分信息已知、部分未知的系统。同时，灰色系统理论将随机过程看作是在一定范围内变化的与时间有关的灰色过程，将随机变量看成是在一定范围内变化的灰色量，显然，商品零售业就是一个灰色过程，商品销售系统就是一个灰色系统，销售量就是一个灰色量。

灰色系统理论认为，灰色系统的行为现象尽管是朦胧的，数据是杂乱的，但毕竟是有序的，是有整体功能的，因而对变化过程可做科学预测。在灰色理论中，用来发掘这些规律的适当方式是数据生成，将杂乱的原始数据整理成规律性较强的生成数列，再通过一系列运算，就可以建立灰色理论中一阶单变量微分方程的模型即 GM（1，1）模型。

7.5.2 模型的实际应用

[例 7-2] 灰色预测法在连锁企业的应用

商业连锁企业随着门店的不断增加，总部对企业的管理将变得越发困难，尤其是对销售量的预测，这严重影响了决策层对企业的控制和管理，影响总部的决策水平，包括资金的调度和使用、大批量进货以降低成本、门店的发展速度等等。随着模糊数学的不断发展，灰色预测方法得到了广泛应用，它对于商业连锁企业的销售管理，有指导价值。

下面根据某集团1995年至2000年门店分类商品销售额数据（见表7-5）建立 GM（1，1）模型，并预测该集团在今后几年里的门店分类销售额。

表7-5　集团门店历年商品分类平均销售状况表（10万元）

年份 类别	1995	1996	1997	1998	1999	2000
食品类	223.3	227.3	230.5	238.1	242.9	251.1
烟酒类	37.9	39.8	45.4	46.2	46.9	50.9
洗化类	34.4	35.1	35.5	36.5	37.2	38.0
服针纺	8.6	8.7	8.8	9.1	9.0	9.4
文娱类	12.0	12.6	13.7	13.9	14.2	15.4
日杂类	27.5	27.8	27.2	27.8	28.5	29.3

据表7-5的原始数据列（食品类）：

$$X^{(0)} = (X^{(0)}_{(1)}, X^{(0)}_{(2)}, \cdots, X^{(0)}_{(6)})$$

$$= (223.3, 227.3, 230.5, 238.1, 242.9, 251.1)$$

做一次累加生成，根据式（7-7）得生成数列：

$$X^{(1)} = (223.3, 450.6, 681.1, 919.2, 1162.1, 1413.2)$$

根据式（7-8）建立数据矩阵 B 及 y_n，并由式（7-9）通过 Excel 计算可得：

$$a = -0.025, \quad u = 217.6, \quad u/a = -8705.0$$

故根据式（7-10）可得：

$$\hat{x}^{(1)}(k) = [x^{(0)}(1) - u/a] e^{-a(k-1)} + \frac{u}{a} = 8928.3e^{0.025(k-1)} - 8705.0$$

在该模型中,依次取 $k=1$,2,3,4,5,6 可以得到各生成数据的模型计算值及还原为原始数据的模型计算值。如表7-6和表7-7所示。

表7-6 生成数对照表

序号	1	2	3	4	5	6
模型计算值	223.3	449.3	681.7	918.7	1162.3	1412.1
实际值	223.4	450.6	681.1	919.2	1162.1	1413.2

表7-7 还原数对照表

序号	1	2	3	4	5	6
年份	1995	1996	1997	1998	1999	2000
模型计算值	223.3	226	232.4	237	243.6	249.8
实际值	223.3	227.3	230.5	238.1	242.9	251.1
相对误差	0	-0.57	0.82	-0.46	0.29	-0.48

从上面的计算可以看出 $a=-0.025$,且接近于0,说明本系统采用灰色预测的方法是适合的,数据检验表明最大误差为0.82%,拟合精度较高。可以预测到2008年,将 $k=14$ 代入模型,可得食品类商品销量将达到3051万元左右,用同样的方法,可以求得该集团连锁店各类商品销售量的预测模型。

8 决 策 概 述

前面几章介绍了预测的原理和基本方法，我们知道，预测不是目的，预测是一种手段，预测的目的是为决策提供依据。从本章起，我们讨论决策问题，先概述决策的基本理论，然后分章介绍决策的方法。

决策是管理的核心问题。决策活动是管理活动的重要组成部分。无论是宏观的，还是微观的，社会、经济问题，都需要进行科学的决策。决策合理与否，关系到各项事业的成败。现代社会问题、经济问题的复杂性，决定了影响决策的因素相当错综复杂，致使当代各种问题的决策更加困难。为了避免决策失误，真正做到讲科学、讲效益，使决策科学化，人们逐步归纳和引入了许多科学的决策思想和方法，并在实践中不断地加以发展。决策的科学理论和方法正在逐步形成一门独立的学科。虽然决策科学发展历史尚短，但决策的科学方法在各项经济管理中已得到推广应用。

8.1 决策的概念

决策这个词首先是美国管理学者巴纳德（（C. H. Baruard）和斯特恩（E. Stene）等人在其管理著作中使用的，用以说明组织管理中的分权问题。因为在权力的分配中，做出决定的权力是个重要问题。后来美国的著名管理学家赫伯特. A. 西蒙（H. A. Simon）进一步发展了组织理论，强调决策在组织管理中的重要地位，提出了"管理就是决策"的著名观点。决策这个词出现在中国字典上是近三四十年的事，在中国的《辞海》、《辞源》中都没有解释。但我国古人老早就使用了决策的概念、决策的方法。如《史记·高祖本记》："夫运筹帷幄之中，决胜千里之外，吾不如子房。"这里的"运筹"就是决策。

决策的含义究竟是什么呢？从字面上来讲，就是"做出决定"，俗话称为拍板。在现代管理学中，对决策的理解，有广义和狭义两种。

广义的决策，是一个过程，它需要经过提出问题、搜集资料、确定目标、拟订方案、分析评价，最后选定方案等一系列活动环节。而在方案选定之后，还要检查和监督它的执行情况，以便发现偏差，加以纠正。

狭义的决策，仅仅是行动方案的最终选择。所谓决策是指从一组可行方案中按某种衡量准则选出一个最优方案。这里，决策仅仅理解为方案选定的阶段，而把确定目标、拟定与设计方案等阶段均视为决策之外的单独阶段。

决策科学中所说的决策一般是指广义决策，是研究决策全过程。上述的狭义解释是从数学方法上研究决策问题的一种习惯，是不全面的。无论采用什么样的定义也很难用简要的几句话把决策的概念说得完美无缺。不妨用"决策是对目标和为实现目标的各种方案进行抉择的过程"来定义它。因为它反映了决策概念的核心和本质。

8.2 决策的基本要素

决策是一项系统工程，组成决策系统的基本要素有如下四个：决策主体、体现决策主体利益和愿望的决策目标，决策的对象，以及决策所处的环境。

（1）决策主体。决策主体即决策者。决策是由人做出的，人是决策的主体，决策主体既可以是单个的个人，也可以是一个组织——由决策者构成的系统。决策者进行决策的客观条件是它必须具有判断、选择和决断能力，承担决策后果的法定责任。

（2）决策目标。决策是围绕着目标展开的，决策的开端是确定目标，终端是实现目标。决策目标既体现了决策主体的主观意志，又反映了客观现实，没有决策目标就没有决策。管理的成功与否，一定程度上取决于所确定的目标是否恰当、科学。

（3）决策对象。决策对象是决策的客体。决策对象涉及的领域十分广泛，可以包括人类活动的各个方面。决策对象具有一个共同点：人可以对决策对象施加影响。凡是人的行为不能施加影响的事物，不能作为决策对象。

（4）决策环境。决策环境是指相对于主体、构成主体存在条件的物质实体或社会文化要素。决策不是在一个孤立的封闭系统中进行的，而是依存于一定环境，同环境进行物质、能量和信息的交换。决策系统与环境构成一个密不可分的整体，它们之间相互影响、相互制约、息息相关。

8.3 决策的性质

为了更全面、更准确地理解决策的概念，我们需要进一步讨论决策的性质。

（1）决策的主观性。决策从本质上说，是一个主观思维活动的过程。无论是对目标的选择，还是对实现目标手段的选择，都是由决策者做出的。决策者可以是个人或群体。决策者是决策的灵魂，任何决策都是人的智能活动。决策的这一特点，说明决策者的素质对决策起重要作用。

（2）决策的目的性。任何决策都有一定目的。没有目的等于无的放矢，也就是没有决策。因此人们进行决策时首先要明确问题所在。对问题认识愈清楚，决策也就愈准确和有效。很多决策失败的根本原因是决策问题和目的的不明确。

（3）决策的选择性。决策的核心是选择，没有选择也无所谓决策。决策的主要活动就是对未来预定活动的目标和达到该目标的各种途径，做出符合客观规律的合理的选择，寻求达到目标最理想的方案。

（4）决策的风险性。由于决策的未来环境是不确定的，因此决策人无论采用什么样的决策方案，都具有风险性。因此，决策人对待风险的态度也成为决策的主要因素之一。

（5）决策的科学性。如前所述，决策是一种人的主观活动，但决策也有一定的规律。任何决策都需要一定的条件和信息，人的思维判断也有一定的程序，现代的数理方法和计算机信息技术也为决策提供了选优的手段。因此只要掌握足够可靠的信息，遵照一定的决策程序和借用一定的决策方法和技术，可以使主观判断最大限度地符合客观实际。从这个角度来说，决策是一门科学。

由于决策的灵魂是人，决策者的意志和行动可以对决策起重要作用。由于问题的复杂性、信息的不完全性和人们认识的局限性，所以在决策中有很多环节需要人来判断和估价。最后方案的取舍抉择，要由人来确定。而人的经验、气质、知识结构、所处的背景和环境以及心理状态都会影响人们抉择的结果。从这个角度讲，决策又有非科学的一面。

（6）决策的实践性。决策的实践性具有两层意义。第一，决策的目的就是实践，不用实践的决策，也不必去决策，这是很明显的。决策总是针对需要解决的问题或需要完成的任务而做出决定的，它对实际行动具有直接指导的意义。第二，决策的技能和本领也是实践的结果。尽管决策是一门科学，有其一定的规律，但仅从理论上掌握这些规律，并不一定能做出正确的决策。只有在实践中积累经验，增长胆识，才能真正掌握决策的技术和本领。从这个角度来说，决策又是一门艺术。

（7）决策的时间性。决策的时间性，是指任何决策都要求在一定的时间范围内完成。时间太短可能会因信息不足而决策匆忙、考虑不周而造成决策的失败，但是时间太长也会因丧失时机而使决策失效。如产品决策，太匆忙会造成投产方向的错误，时间太长又会失去占领市场的机会。因此决策的时间性是决策的一个重要属性，难怪有人把决策定义为"决策是一种在有限的时间内，为获取某种结果而必须采取的行动。"

（8）决策的经济性。决策过程是一个发挥决策者的主观能动性，对未来事物的发展规律进行调查、分析判断的过程，是一个主观适应客观的过程。在这个过程中，信息是重要的因素，任何决策者所做出决策的正确程度与获得的第一手资料——信息有关。一般来说，信息量愈大，愈有助于决策的正确。但搜集资料需要时间和资金，收集的信息愈多，所需的时间愈长，资金也愈多。当花在信息上的费用不足以抵偿决策所带来的效益时，那么更多的信息收集只是一种浪费，因此，从费用的角度来看，收集信息不应当是无止境的，而有一个最佳的决策点。

（9）决策的动态性。决策的结果要付诸实施。由于收集资料的不可靠性、人们认识的局限性和决策环境的变动性，对客观事物的认识不可能一次完全符合，因此任何决策都要在实践中经受考验。发现决策不符合客观的情况，随着客观环境的变化，要不断修正原来的决策。因此，决策又是一个动态过程，要不断根据决策执行结果的反馈信息和决策环境的变动信息来做出新的决策，直到基本上达到原定的目标为止。

（10）决策优化准则的模糊性。由于决策具有主观性、风险性、时间性、经济性等特点，使得衡量一个决策方案的好坏并非只有一个绝对的标准。因此，在决策理论中，一般不强调有最优解，而只强调符合决策人偏爱的满意解。

8.4 决策的一般过程

根据上述广义的决策含义，人们做决策工作时，应从决策的目标出发，根据对自然状态的科学分析，合理地选择所采取的策略，这就是决策分析的过程，具体地说，它包括以下几个步骤。

8.4.1 发现问题，确定决策目标

发现、分析问题，确定决策目标是决策的起点。只有对问题做深入分析，才能正确地确定决策目标。所谓决策目标，就是决策所要达到的结果。决策目标的确定需要一个科学分析过程。目标是否正确、可行，决定着决策的成败。确定目标时应注意以下问题：

（1）目标必须是客观可行的。

（2）目标必须明确具体。

（3）当具有多个目标时，应做到主次恰当、统筹兼顾。

8.4.2 拟定备选方案

确定了决策目标，并对决策所依据的状态进行分析之后，就要寻求达到决策目标的多种可能的策略或方案。如果只提出一种策略或方案供选择，那就无法从中选优。所以，提出的方案应有两个以上，以便通过比较，择优选取。拟定策略或方案时，应以科学技术手段为基础，所选策略或方案应是切实可行的，这是我们决策的先决条件。拟定备选方案一般要经过两个步骤：一是方案构思；二是精心设计。方案构思是从不同角度，大胆设想各种方案，但不要求过多地考虑细节。精心设计是在方案构思的基础上，对方案的措施、方法进行细化，形成可行方案。

8.4.3 评价选择方案

评价准则是评价策略或方案效果的基本依据。策略或方案的效果需要进行科学分析计算。评价决策效果应注意以下几点：

（1）定量与定性分析相结合。不便于用数量表示的内容可用定性的分析方法，根据经验和主观判断来确定。决策时应将定性效果和定量效果综合起来考虑。

（2）局部效果要服从整体效果。当系统的整体效果与各子系统的局部效果不一致时，应从整体效果出发考虑，系统的局部效果服从系统的整体效果。在整体效果的前提下，尽量兼顾局部效果。

（3）当前效果与长远效果相结合。当前效果与长远效果不一致时，当前效果应服从长远效果。当然，有些策略虽然长远效果好，但由于投资或资源等条件的限制，不如先采取当前效果好的策略，待取得一定效益，积累了一定投资，或创造了一定条件后再考虑长远效果好的策略。

8.4.4 方案实施与控制

选择出满意方案或最优方案只能说解决了决策问题的一半，另一半是如何组织实施决策方案。要使决策方案付诸实际行动，达到预期目标，还须拟定强有力的实施计划并付诸实施。

8.4.5 决策结果的反馈

决策结果的反馈，是指当做出决策之后，在决策实施过程中，将信息传递到决策过程的开始，分析是否实现了预定的目标，进行检验。一项正确的决策，需要经过不断地反馈，多次进行修正后才能得到。反馈过程的实质是实践、认识、再实践、再认识的过程。

决策过程如图 8-1 所示。

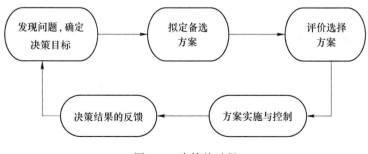

图 8-1　决策的过程

8.5 决策的分类

决策的分类方法很多。通常，可从不同的角度出发，按照不同的标准，对决策问题进行分类。这里，我们介绍几种常见的分类。

8.5.1 按决策问题的重要性分类

可将决策分为战略决策、策略决策和执行决策。或叫战略计划、管理控制和运行控制3级。

战略决策是涉及某组织全局性、长远问题的具有深远影响的决策。如：企业的管理方针及长远发展规划的决策；厂址选择、新产品开发方向选择、原材料供应地选择等。

这些决策在很大程度上决定着企业的竞争能力、增长速度，以及最终决定着企业的成败。因此战略决策是企业最重要的决策。战略决策的特点是，决策后果的深远影响和风险性。它属于高层决策。要求决策者具有广博的知识和掌握全面的信息。

策略决策又称战术决策。策略决策是为了实现战略决策目标，在人力、财力、物力等资源方面的准备和组织上所进行的决策。如：产品规格的选择，工艺方案和设备选择，厂区和车间内工艺路线布置，全厂生产能力资源和劳动力的合理调配，运输和转运方案的选择，销售渠道的选定。广告和报销，费用的预算等。策略决策属于中期决策，其风险性也属中等。它属于企业的中级层次的决策。

执行决策又称业务决策。执行决策是根据策略决策的要求对执行行为方案的选择，是有关日常业务和计划的决策。其目的是为了提高日常业务工作的效率和经济性。如生产的进度管理，库存管理，销售管理，技术管理等都属于业务决策的范围。执行决策用于基层决策。由于它的不确定因素少，可取的原始资料和数据也比较多，因此可以利用比较精确的数量分析方法进行决策，决策结果也比较可取。

8.5.2 按决策问题的结构分类

可将决策分为程序化决策和非程序化决策。程序化决策也称为结构化决策，是指那些常规的反复出现的决策，这类决策一般都有明确的决策目标和决策准则，而且可以按一定的程序进行，无论是领导者或办事员都可按此程序加以解决。例如企业常规下的订货和物资供应，车间作业计划等都属程序化决策。这类决策在中层和基层居多。

非程序化决策也称非结构化决策，是指不经常出现的、复杂的、特殊的决策。这样的决策往往是由于出现了新情况或对新问题所做的决策。例如由于市场的变化，企业所做的关于开发新产品、引进或改造生产线的决策都属于程序化决策。

8.5.3 按决策的性质分类

可将决策分为定量决策和定性决策。描述决策对象的指标都可以量化时可用定量决策，否则只能用定性决策。

定性决策重在决策问题质的把握。决策变量、状态变量及目标函数无法用数量来刻画的决策只能作抽象的概括，定性的描述。如组织机构设置的优化、人事决策、选择目标市场等都属此类。

定量决策重在对决策问题量的刻画，这类决策问题中的决策变量、状态变量、目标函数都可以用数量来描述。决策过程中运用数学模型来辅助人们寻求满意决策方案，如企业内部的库存控制决策、成本计划、生产安排、销售计划等。

定性和定量的划分是相对的。在实际决策分析中，定量分析之前，往往要进行定性分析，而对一些定性分析问题，也尽可能使用各种方式将其转化为定量分析。如考评干部德才及能力时，可采取层次分析的方法或者利用模糊决策方法进行评判。定性和定量分析的结合使用，可以提高决策的科学性。

8.5.4 按决策信息的完备性分类

可将决策问题分为确定型决策、风险型决策和不确定型决策 3 种。

确定型决策是指决策环境是完全确定的，做出选择的结果也是确定的。例如，有人想买一台收录机，一种质量好但价格较贵，另一种质量稍差而价格比较便宜，选择哪一种就需要决策。

风险型决策是指决策的环境不完全确定，而其发生的概率是已知的。例如，一个家庭主妇上市场采购，好的鸡蛋每千克 6 元，处理的鸡蛋每千克 4.8 元，其中可能有个别坏的。究竟买好的还是买处理的，哪一种划算，就要比较一下。假如前几天已经有不少人买过处理鸡蛋，已知 80% 的情况下没有坏鸡蛋，每千克出现一个坏鸡蛋的概率为 10%，出现两个或两个以上的概率为 20%。在这种情况下的决策就是风险型决策。

不确定型决策是指决策者对将发生结果的概率一无所知，只能凭决策者的主观倾向进行决策。不确定型决策与风险型决策都是属于非确定型决策，区别在于：风险型决策问题中某种情况出现的概率是已知的，而不确定型决策问题中某种情况出现的概率也不知道。

8.5.5 按决策过程的连续性分类

可将决策分为单项决策和序贯决策，也称单阶段决策和多阶段决策。

单项决策是指整个决策过程只作一次决策就得到结果，整个决策问题只由一个阶段构成。因此，单个阶段的最优决策即为整个决策问题的最优决策。如企业产品年产量的决策等。

序贯决策是指整个决策过程由一系列决策组成。序贯决策也称多阶段决策或动态决策。它具有如下特点：

(1) 决策问题是由多个不同的前后阶段的决策问题构成；

(2) 前一阶段的决策结果直接影响下一阶段的决策，是下一阶段决策的出发点；

(3) 必须分别做出各个阶段的决策，但各阶段决策结果的最优之和并不构成整体决策结果的最优。多阶段决策必须追求整体的最优。

管理活动是由一系列决策组成的，但在这一系列决策中往往有几个关键环节要做决策，可以把这些关键的决策分别看作单项决策。

8.5.6 按照决策目标的数量分类

按照决策目标是一个还是多个，可分为单目标决策和多目标决策。

单目标决策是指决策要达到的目标只有一个的决策。如个人的证券、期货投资决策即是单目标决策，在个人的证券、期货投资决策中，投资目标往往只有一个，即追求投资收益的极大化。

多目标决策则是指决策要达到的目标不止一个的决策。在实际决策中，很多的决策问题都是多目标决策问题，如企业目标决策问题即是一个多目标决策问题，企业的目标往往除了利润目标以外，还有很多的其他目标，如股东收益目标、企业形象目标、控制集团利益目标、职工利益目标等，多目标决策问题一般较复杂。

我们可从不同的角度、按照不同的标准，对决策问题进行分类。决策的分类方法还有很多。如：根据决策要解决问题所涉及的范围大小可分为宏观决策和微观决策，根据决策的层次，可分为单级决策和多级决策，根据决策人的多少，又可分为个人决策和群体决策等。上述的第一种分类称为决策的安东尼模式，第二种分类称为决策的西蒙模式。

9 确定型决策

决策者对决策问题的现有情况和环境条件进行分析，能够确定决策对象的未来可能发生的情况，从而可以根据已知的条件和完全确定的信息，科学地选择出最有利的方案，做出决策，我们称这种情况下的决策为确定型决策。

确定型决策看起来似乎很简单，但是在实际工作中往往是很复杂的，可供选择的方法很多。本章介绍两种常用的方法：线性规划、盈亏平衡分析。

9.1 线性规划

线性规划（Linear Programming）是运筹学的一个重要分支，它的应用范围已渗透到工业、农业、商业、交通运输及经济管理等许多领域。小到日常工作和计划的安排，大到国民经济计划的最优方案的提出，都有它的用武之地。由于它的适应性强、应用面广、计算技术简便等特点，使其成为现代管理科学的重要基础和手段之一。

9.1.1 线性规划模型的结构

线性规划模型的结构决定于线性规划的定义。线性规划的定义是：求一组变量的值，在满足一组约束条件下，求得目标函数的最优解。因此，线性规划的模型结构包括下列三个部分。

（1）变量。变量是指系统中的可控因素，也是指实际系统中有待确定的未知因素。这些因素对系统目标的实现和各项经济指标的完成具有决定性影响，故又称其为决策变量，例如决定企业经营目标的产品品种和产量等。其描述符号是 X_j 或者 X_{ij}。用一个或几个英文字母，附以不同的数字下标，表述不同的变量。模型变量中除决策变量外，还有一种叫辅助变量，它包括松弛变量和人工变量。它们是为模型运算时的需要而设定的，在模型中一般不起决策性作用。但可能在计算机运算输出结果中出现，可反映某种资源的剩余值。

（2）目标函数。目标函数是指系统目标的数学描述，线性规划目标函数的重要特征之一是线性函数，即目标值与变量之间的关系是线性关系，这是线性规划模型的基本条件和假设。目标函数特性之二是单目标，实现单目标的最优值。一般是求效益性指标如产值、利润等的极大值，或者是损耗性指标如原材料消耗、成本、费用的极小值。极值标准的确定要根据系统的具体情况和决策的要求来定。

(3) 约束条件。约束条件是指实现系统目标的限制因素,它涉及系统的内外部条件的各个方面,如内部条件的原材料的储备量,生产设备能力,产品质量要求,外部环境的市场需求和上级的计划指标等等。这些因素对实现系统目标都起约束作用,故称其为约束条件。根据约束因素对系统的约束要求和作用不同,约束条件的数学表达形式也不同。线性规划的约束条件有三种形式:大于等于(≥),等于 (=);小于等于 (≤)。前两种形式多属于效益性指标或合同要求,必须按计划及合同要求超额或如数完成;后者多属于资源供应约束,由于供应数量有限,一般不容许超出。因为线性规划的约束因素涉及的范围较广,约束幅度较大,因此,约束条件多用数学不等式形式来描述。另外,线性规划的变量皆为非负值。

综上所述,就可列出线性规划的一般形式为:

$$\max(\text{或 } \min)Z = C_1X_1 + C_2X_2 + \cdots + C_jX_j + \cdots + C_nX_n$$

满足于

$$a_{11}X_1 + a_{12}X_2 + \cdots + a_{1j}X_j + \cdots + a_{1n}X_n(\leq = \geq)b_1$$
$$a_{21}X_1 + a_{22}X_2 + \cdots + a_{2j}X_j + \cdots + a_{2n}X_n(\leq = \geq)b_2$$
$$\vdots \qquad\qquad \vdots \qquad\qquad \vdots$$
$$a_{m1}X_1 + a_{m2}X_2 + \cdots + a_{mj}X_j + \cdots + a_{mn}X_n(\leq = \geq)b_m$$
$$X_j \geq 0(j = 1, 2, \cdots, n)$$

上式可简化为

$$\max(\text{或 } \min)Z = \sum C_jX_j$$

满足于

$$\sum a_{ij}X_j(\leq = \geq)b_i \quad (i = 1, 2, \cdots m)$$
$$X_j \geq 0(j = 1, 2, \cdots, n)$$

如果用矩阵形式可写成

$$\max (\text{或 } \min) Z = CX$$

满足于

$$AX = B$$
$$X \geq 0$$

式中, $C = (c_1, c_2, \cdots, c_n)$ 为行向量 (目标函数系数值);

$X = (x_1, x_2, \cdots, c_n)^T$ 为列向量;

$B = (b_1, b_2, \cdots, b_m)^T$ 为列向量 (约束条件的常数项);

$$A = \begin{pmatrix} a_{11} & a_{12} & \cdots & a_{1n} \\ a_{21} & a_{22} & \cdots & a_{2n} \\ \vdots & \vdots & \cdots & \vdots \\ a_{m1} & a_{m2} & \cdots & a_{mn} \end{pmatrix}$$

$m \times n$ 阶向量（技术性系数矩阵）。

根据线性规划模型的一般形式分析，线性规划具有下列特性：

（1）线性函数。线性规划的目标函数与约束条件中均为线性函数（变量均为一次项），这是线性规划建模的前提。实际系统中的非线性关系，应属于规划论的另一分支，非线性规划研究的范围。

（2）单目标。这与经济管理中多指标的实际要求是矛盾的。一般处理方法是抓主要矛盾，确定一个主要目标，实现最优，带动其他目标的实现，或者单目标多方案择优。不然就要用目标规划来实现多目标优化分析，这属于规划论另一分支目标规划的研究范围。

（3）连续函数。线性规划的最优解值是连续的，可以是整数，也可以是分数（或小数）。如果实际系统要求实现整数最优，而这时线性规划最优解是分数，满足不了决策者的要求，这就属于规划论中另一分支整数规划研究的范围。

（4）静态的确定值。线性规划模型参数，一般要求是确定型的，参数均应是已知的，所以它只是一种实际活动的静态描述。

9.1.2 线性规划模型的解法思路

线性规划模型的基本解法有图解法和单纯形法两种。图解法一般只适用于两个变量的线性规划问题，实用价值不大，但它阐明了线性规划解题的基本思路，单纯形法是一种解多变量线性规划问题的实用解法，在应用过程中一般要利用计算机求解。

[例9-1] 某企业计划生产甲、乙两种产品，顺序经过加工与装配两个工段完成。单件产品在不同工段的工时定额，每日可用工时和产品的利润值如表9-1所示。要求拟订一个获得利润最大的日生产计划。

表9-1 可用工时和产品的利润值表

工时 工段	工时定额/时·件⁻¹		可用工时/时·日⁻¹
	甲产品	乙产品	
加工工段	50	100	600
装配工段	40	40	400
单件利润/元·件⁻¹	60	80	

解：设 X_1 为甲产品产量，X_2 为乙产品产量。

目标函数： $$\max Z = 60X_1 + 80X_2 \qquad (9-1)$$
约束条件： $$50X_1 + 100X_2 \leqslant 600 \qquad (9-2)$$
$$40X_1 + 40X_2 \leqslant 400 \qquad (9-3)$$
$$X_1,\ X_2 \geqslant 0 \qquad (9-4)$$

线性规划图解法，一般要分两步进行，首先求出满足约束条件的可行解区，然后从可行解区中求得目标函数的最优解。

（1）求满足约束条件的可行解区。凡满足约束条件的解，均称之为可行解，可行解区就是全部可行解所分布的区域。

1）确定满足条件（9-4）的区域。因为模型只有两个变量 X_1、X_2，所以可用平面直角坐标描述，横轴 X_1 代表甲产品的数量，竖轴 X_2 代表乙产品的数量。因变量不能是负值，即 X_1，$X_2 \geqslant 0$，故满足条件（9-4）的区域在第一象限，如图 9-1 所示。

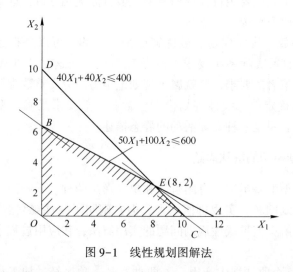

图 9-1 线性规划图解法

2）确定满足条件（9-2）的区域。首先画出满足条件（9-2）的直线，即方程取等号为：$50X_1 + 100X_2 = 600$。

当 $X_1 = 0$ 时，则 $X_2 = 6$。这样就可求出此约束条件方程直接与竖轴交点 B 的坐标为（0，6）。同理，当 $X_2 = 0$ 点 A 的坐标为（12，0）。连接 A、B 两点，就可把 $50X_1 + 100X_2 = 600$ 这条直线画出。

其次确定满足条件（9-2），即 $50X_1 + 100X_2 \leqslant 600$ 的区域。$50X_1 + 100X_2 = 600$ 这条直线，将第一象限分成上、下两个部分，究竟哪个部分满足<600 的要求？可采用试验法来确定：用在下部平面中包括的原点 $O(0,0)$，即把原点坐标值 $X_1 = 0$，$X_2 = 0$ 代入条件方程式（9-2），结果为 0<600，条件（9-2）方程的不等式<成立，故说明包含原点的半个平面，即下半个平面，$\triangle OAB$ 中所有点均满足条件（9-2）的要求。若代入原点坐标后，结果不符合<600 的要求，则说明不

包括原点的半个平面，即上半个平面，符合条件（9-2）的要求。

3）确定满足条件（9-3）的区域。同理，画出 $40X_1 + 40X_2 = 400$ 的直线，确定出满足 $40X_1 + 40X_2 \leqslant 400$ 的区域，即 $\triangle OCD$。

4）确定可行解区。如果将约束条件（9-2）~条件（9-4）综合考虑，要同时满足三个约束条件，只能是 $\triangle OAB$ 和 $\triangle OCD$ 相互重叠的公共区域，即图上划有阴影的部分——四边形 $OBEC$，则四边形 $OBEC$ 为可行解区。如果还有其他约束条件，使各约束条件相互重叠的公共区域就会有所变化，可行解区不一定是四边形。

（2）从可行解区内找满足目标函数的最优解。最优解的确定，需要结合目标函数进行综合分析，就是从可行解区内找到一个合适的点，其坐标值为（X_1，X_2）使得目标函数的值 Z 最大，即利润值最大。

线性规划的基本定理规定（证明从略）：如果线性规划问题有最优解，就只需从可行解区有限的几个极点中去找。极点又称为拐点，即可行解区边线方向拐弯之点，本例的极点（拐点）为 O、B、C、E。其中 E 点为约束条件（9-2）和约束条件（9-3）直线的交点，如采用坐标纸精密作图，就可得出 E 点坐标为（8，2）。

将四个极点的坐标值分别代入目标函数（9-1）分别求解：

1）基础可行解点 $O(0,0)$：

$X_1 = 0$，$X_2 = 0$，代入方程式（9-1）

$Z = 0$

2）基础可行解点 $B(0,6)$：

$X_1 = 0$，$X_2 = 6$，代入方程式（9-1）

$Z = 60 \times 0 + 80 \times 6 = 480$

3）基础可行解点 $C(10,0)$：

$X_1 = 10$，$X_2 = 0$，代入方程式（9-1）

$Z = 60 \times 10 + 80 \times 0 = 600$

4）基础可行解点 $E(8,2)$：

$X_1 = 8$，$X_2 = 2$，代入方程式（9-1）

$Z = 60 \times 8 + 80 \times 2 = 640$

上述四个基础可行解，也是生产计划的四个可行方案，经过逐个对比，证明 E 点为最优解，即甲生产 8 件，乙生产 2 件，利润最大为 640 元。

单纯形法的解题思路与图解法思路相同，也是通过求出基础可行解后，从这个可行解出发，通过换基迭代，不断改进，求得最优解。

9.1.3 用 Excel 求解线性规划

9.1.3.1 建立工作表

建立工作表的步骤（见图9-2）：

（1）输入所求线性规划问题的数据。我们把例 9-1 中的数据直接输入到 Excel 工作表中。

（2）确定决策变量单元格（可变单元格）。在 B5：C5 存放决策变量的值，在没有求解前这里暂时空着，默认值为 0。

（3）确定目标单元格。目标函数值放在单元格 E5。

（4）建立一组存放约束条件不等式左边函数值的单元格 E2：E3。

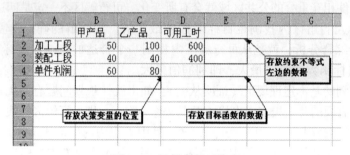

图 9-2 规划求解工作表

9.1.3.2 建立单元格之间的联系

建立单元格之间的联系，规划求解公式的输入如图 9-3 所示，规划求解添加的约束如图 9-4 所示。

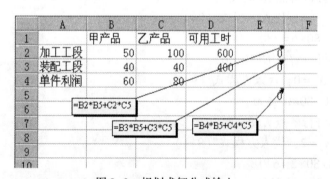

图 9-3 规划求解公式输入

图 9-4 规划求解添加约束

9.1.3.3 开始求解

求解的步骤：

（1）首先打开菜单栏的工具栏，选择规划求解，之后出现一个对话框。

（2）在对话框中有一个"设置目标单元格"的一个选项。在里面添上目标单元格的位置 E5。在"等于"后面的选择框中选择"最大值"，因为我们的问题是目标函数最大化。

（3）在"可变单元格"选择框里面添上决策变量单元格的位置 B5：C5。

（4）点击"添加"按钮输入约束条件。之后会弹出来一个新的对话框。在新的对话框中左端有一个"单元格引用位置"的框，在这里添加约束左边函数值对应单元格的位置 E2，在中间的框里面选择"≤"，在右边的"约束值"框里面添上约束的右端的常数项的位置 D2。然后按"确定"按钮回到上一级对话框。重复上述步骤把除了变量非负约束外的所有带"≤"的约束添加完毕。

（5）在按"选项"之后出现的对话框中有许多关于算法的属性设置。我们在这里仅仅关心其中的两项，一个是我们求解线性规划必须选择的选项"采用线性模型"，另外一个是"假定非负"。

（6）按"求解"按钮开始这个线性规划问题的运算。在计算完毕后出现的对话框中按"确定"来保存计算结果。

9.1.4 线性规划模型的应用

运用线性规划模型，对于提高企业竞争能力，提高经济效益，有着重要作用，下面仅就产品搭配、合理下料、计划安排、物资调运四个方面，举例说明线性规划模型的应用。

9.1.4.1 产品搭配

当企业生产所需资源数量，如设备能力、原料供应量等条件已定时，对经营管理的要求，就是如何充分利用这些资源，使企业的经济效益最大。

［例 9-2］某五金产品制造厂，利用金属薄板等生产四种产品，生产过程须经过五个车间，每个车间根据现有条件，所能提供的工时数量、每种产品生产过程所需工时定额情况，各种产品的单件成本、市场价格以及销售趋势如表 9-2 所示。

现已知下月制造产品 B 和产品 D 的金属板供应紧张，最大供应量为 2000m²，若产品 B 每件需 2m²，产品 D 每件需 1.2m²。要求拟定出下月实现最大利润的产品搭配计划。

表 9-2 产品工时定额表

产品工时定额 车间	单位产品的工时定额/工时				可用工时/时·月$^{-1}$
	产品 A	产品 B	产品 C	产品 D	
1 车间	0.03	0.15	0.05	0.10	400
2 车间	0.06	0.12	—	0.10	400
3 车间	0.05	0.10	0.05	0.12	500
4 车间	0.04	0.20	0.03	0.12	450
5 车间	0.02	0.06	0.02	0.05	400
销售趋势	4000~6000	<500	1500~3000	100~1000	
单件利润	4	10	5	6	

解：设 X_1、X_2、X_3、X_4 分别为产品 A、B、C、D 的计划产量。

目标函数：$\max Z = 4X_1 + 10X_2 + 5X_3 + 6X_4$

约束条件：本题有三个方面的约束因素。

（1）计划期间可用工时的约束。

1 车间：$0.03X_1 + 0.15X_2 + 0.05X_3 + 0.10X_4 \leqslant 400$

2 车间：$0.06X_1 + 0.12X_2 + 0.10X_4 \leqslant 400$

3 车间：$0.05X_1 + 0.10X_2 + 0.05X_3 + 0.12X_4 \leqslant 500$

4 车间：$0.04X_1 + 0.20X_2 + 0.03X_3 + 0.12X_4 \leqslant 450$

5 车间：$0.02X_1 + 0.06X_2 + 0.02X_3 + 0.05X_4 \leqslant 400$

（2）市场销售预测数量的约束。

$X_1 \geqslant 4000$，$X_1 \leqslant 6000$，

$X_2 \leqslant 500$

$X_3 \geqslant 1500$，$X_3 \leqslant 3000$

$X_4 \geqslant 100$，$X_4 \leqslant 1000$

（3）金属板供应量的约束。

$2.0X_2 + 1.2X_4 \leqslant 2000$

变量非负值：X_1、X_2、X_3、$X_4 \geqslant 0$

9.1.4.2 合理下料

在企业生产中常需将不同的原料切割成不同规格的毛坯，各种毛坯的数量要求也不同，运用线性规划模型就可以实现合理下料，节约原料用量，降低生产成本。

[例 9-3] 某企业根据生产需要，要将一批圆形钢管截成长 2.9m，2.1m，1.5m 三种不同长度的管料，根据生产经验有五种不同的下料方式，见表 9-3 所示。现三种管料各需 100 根，如何下料可以使消耗的钢管总数最少。

表 9-3　不同规格和下料方式所需管料

下料方式 规格/m	I	II	III	IV	V
2.9	1	2	0	1	0
2.1	0	0	2	2	1
1.5	3	1	2	0	3

解：设 X_1、X_2、X_3、X_4、X_5 分别为五种下料方式所用钢管根数。

目标函数：$\min Z = X_1 + X_2 + X_3 + X_4 + X_5$

约束条件：

$X_1 + 2X_2 + X_4 = 100$

$2X_3 + 2X_4 + X_5 = 100$

$3X_1 + X_2 + 2X_3 + 3X_5 = 100$

X_1，X_2，X_3，X_4，$X_5 \geqslant 0$

9.1.4.3　计划安排

在企业设备能力一定的条件下，运用线性规划模型进行计划安排的优化分析，就可以制定出取得利润最大或加工费用最低的计划方案。

[**例 9-4**] 某汽车配件厂用机床 Y_1，Y_2，Y_3。加工 P_1，P_2，P_3 三种汽车零件，在一个生产周期内，各机床可以使用的机时，必须完成的各种零件加工数和各个机床加工每个零件需要的机时，以及加工每个零件的成本如表 9-4 和表 9-5 所示。应如何安排各机床的生产任务，才能使加工总成本最低。

表 9-4　不同机床加工各种零件的机时

加工每个零件时间/h 机床	P_1	P_2	P_3	可用机时/h
Y_1	0.2	0.1	0.3	800
Y_2	0.5	0.4	0.2	1600
Y_3	0.3	0.2	0.8	1900
零件需要数量/个	1200	1400	1600	

表 9-5　不同机床加工各种零件成本

加工每个零件成本/元 机床	P_1	P_2	P_3
Y_1	1	2	1

加工每个零件成本/元 机床	P₁	P₂	P₃
Y₂	2	1	1
Y₃	1	2	2

解：设 X_i(i=1，2，…，9) 分别为三台机床加工三种零件的数量

目标函数：$\min Z = X_1 + 2X_2 + X_3 + 2X_4 + X_5 + X_6 + X_7 + 2X_8 + 2X_9$

满足约束条件：$0.20X_1 + 0.1X_2 + 0.30X_3 \leqslant 800$

$0.50X_4 + 0.40X_5 + 0.20X_6 \leqslant 1600$

$0.3X_7 + 0.2X_8 + 0.8X_9 \leqslant 1900$

$X_1 + X_4 + X_7 \geqslant 1200$

$X_2 + X_5 + X_8 \geqslant 1400$

$X_3 + X_6 + X_9 \geqslant 1600$

$X_i \geqslant 0$ (i=1，2，…，9)

9.1.4.4 物资调运

在物资供应系统中，存在着多个生产单位和多个需求单位，由于产、需单位之间距离不同，运输方式不同，所以单位产品运费有一定差距。物资调运问题就是在产、需平衡条件下，应用线性规划模型求出总运费最少的调运方案。

[**例9-5**] 某公司下属三个工厂：A 厂供应能力为 6000 件，B 厂供应能力为 4000 件，C 厂供应能力为 10000 件。其产品供应给三个工地：工地甲需要 5000 件，工地乙需要 7500 件，工地丙需要 7500 件，三个工厂到三个工地单件产品运费在表9-6 中相应方格的右上角标出。试求运输费用最小的调运方案。

(1) 确定变量。假设 X_{ij} 为 i 工厂供应 j 工地的产品数量。其中 i=1，2，3；j=1，2，3。总计 9 个变量，如表9-6 所示。

表9-6 供需数据

工地 工厂	甲	乙	丙	供应量/件
A 厂	X_{11} 8元	X_{12} 6元	X_{13} 7元	6000
B 厂	X_{21} 4元	X_{22} 3元	X_{23} 5元	4000
C 厂	X_{31} 7元	X_{32} 4元	X_{33} 8元	10000
需求量/件	5000	7500	7500	20000 / 20000

（2）确定目标函数。目标函数为在满足各个工地需要量的前提下，使总运费最小，即

$$\min Z = 8X_{11} + 6X_{12} + 7X_{13} \text{（A 厂到三个工地的运费）}$$
$$+ 4X_{21} + 3X_{22} + 5X_{23} \text{（B 厂到三个工地的运费）}$$
$$+ 7X_{31} + 4X_{32} + 8X_{33} \text{（C 厂到三个工地的运费）}$$

其中：运费＝单件运费×数量。

（3）确定约束条件。

1）供应量的限制

A 厂：$X_{11} + X_{12} + X_{13} = 6000$（件）

B 厂：$X_{21} + X_{22} + X_{23} = 4000$（件）

C 厂：$X_{31} + X_{32} + X_{33} = 10000$（件）

2）需要量的限制

甲工地：$X_{11} + X_{21} + X_{31} = 5000$（件）

乙工地：$X_{12} + X_{22} + X_{32} = 7500$（件）

丙工地：$X_{13} + X_{23} + X_{33} = 7500$（件）

3）所设变量不能是负值。即

$$X_{ij} \geqslant 0 \quad (i = 1, 2, 3; j = 1, 2, 3)$$

物资调运问题要求供销平衡，即总供应量＝总需求量。但在实际工作中往往会出现下列供需不平衡的现象：

当供应量＞需求量时，为了求得供需平衡，要引入一个虚设的需求点，令其值等于供应量与需求量之差，这相当于在供应点上设立一个仓库，将供应量多余部分储存起来，多余储存物资不存在运输问题，故运费为 0，不会影响目标函数的最小运费值。例如，若 B 厂的供应量为 6000 件，而不是 4000 件，这样总供应量为 22000 件，如果总需求量不变，则供过于求 2000 件，供需不平衡。在这种情况下，建立模型时，就要加上一列，引入一个虚设的需求点 D_0，增加三个变量：X_{14}、X_{24}、X_{34}，这个需求点同三个工地同样看待，其运费为 0，需求量为 2000，这样就实现了供需平衡，如表 9-7 所示，再根据前面所述思路建立模型。

表 9-7 供需平衡数据

工厂 \ 工地	甲	乙	丙	D_0	供应量/件
A 厂	X_{11}	X_{12}	X_{13}	X_{14}	6000
B 厂	X_{21}	X_{22}	X_{23}	X_{24}	4000
C 厂	X_{31}	X_{32}	X_{33}	X_{34}	10000
需求量/件	5000	7500	7500	2000	22000 / 22000

同理,当需求量>供应量时,为了实现供需平衡,要引入一个虚设的供应点,这个供应点同三个工厂同样看待,其运费为 0,虚设供应点的供应量为供需之间的差额,在建立模型时需要在供需平衡表上加上一行,增加三个变量:X_{41}、X_{42}、X_{43},列出模型后参加运算处理过程的思路与前面所述相同。

9.2　盈亏平衡分析

盈亏平衡分析又称为量本利分析,是企业经营决策常用的有效工具。其基本方法是根据产品销售量、成本、利润三者之间的关系,分析决策方案对企业盈亏的影响、评价和选择决策方案。

9.2.1　盈亏平衡分析原理

盈亏平衡分析的基本原理是边际分析理论。采用的方法,就是把企业的生产总成本分为同产量无关的固定成本与同产量同步增长的变动成本,只要销售单价大于单位变动成本,就存在着"边际贡献",即单位售价与单位变动成本的差额。当总的边际贡献与固定成本相等时,恰好盈亏平衡。这时,再每增加一个单位产品,就会增加一个边际贡献的利润。

盈亏平衡分析的首要问题是找出盈亏平衡点,寻找盈亏平衡点的方法有图解法和公式法。

9.2.2　图解法

以 Y 轴表示收入或费用,以 X 轴表示产量,绘成直角坐标图。将销售收入线、固定成本线、变动成本线标到坐标图上,只要单位产品售价大于单位变动成本,则销售收入线与总成本线必能相交于某一点,这就是盈亏平衡点。

图 9-5 中,OB 为销售收入线;AD 为固定成本线;AC 为总费用线;E 为盈

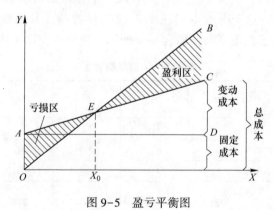

图 9-5　盈亏平衡图

亏平衡点。由图 9-5 可知, 当销售量 (或产量) 低于 X_0 时, 企业必将亏损, 当销售量大于 X_0 时, 企业才有盈利。

9.2.3 公式法

公式法分为销售量计算法和销售额计算法。

设产量 (销售量) Q、成本 C、盈利或亏损 I、单位产品售价 p、固定成本 F、可变成本 V、单位可变成本 v、销售收入 S。

9.2.3.1 销售量计算法

销售量、成本、利润三者之间的关系为:

$$I = S - C = S - (F + V) = pQ - (F + vQ)$$

当销售收入 S = 总成本 C 时, 利润 $I = 0$, 有:

$$S_0 = C_0, \quad pQ_0 = F + vQ_0$$

由此可得盈亏平衡点的产量 (销售量) 计算公式:

$$Q_0 = \frac{F}{p - v} \tag{9-5}$$

式中, Q_0 称为盈亏平衡点产量 (销售量), 或保本点的产量 (销售量)。

9.2.3.2 销售额计算法

$$S_0 = pQ_0 = \frac{F}{1 - \dfrac{v}{p}} \tag{9-6}$$

式中, S_0 称为盈亏平衡点销售收入。

9.2.4 边际收益分析

边际收益是销售收入与变动成本的差额。

边际收益

$$D = Q_0(p - v) \tag{9-7}$$

当边际收益大于固定成本时, 方有盈利。即边际收益 = 固定成本 + 利润。

$$D = F + I \tag{9-8}$$

在决策分析过程中, 边际收益分析是非常重要的, 只要有边际收益, 就能抵消固定成本。超过盈亏平衡点以后的边际收益就形成利润。

边际收益率是边际收益与销售收入的比值, 即

$$D_i = D/pQ \tag{9-9}$$

如果已知收益率, 就可直接用来计算盈亏平衡点的销售额。

9.2.5 经营安全状况分析

企业的经营安全状况，用经营安全率来表示。经营安全率是安全销售额对实际销售额的比率，安全销售额是实际销售额超过盈亏平衡点销售额的余额。

安全余额越大，销售额紧缩的余地越大，经营越安全。安全余额太小，实际销售额稍微降低，企业就可能亏损。

经营安全率计算公式为：

$$\eta = \frac{Q - Q_0}{Q} \quad 或 \quad \eta = \frac{S - S_0}{S} \tag{9-10}$$

经营安全率在 0~1 之间，越接近于 0，越不安全；越接近于 1 越安全，盈利的可能性越大，即利润＝安全收益×经营安全率。

判断经营安全状况的标准如表 9-8 所示。

表 9-8　经营安全状况判断标准

经营安全率	30%以上	25%~30%	15%~25%	10%~15%	10%以下
经营状况	安全	比较安全	不太好	要警惕	不安全

当经营安全率低于 20%时，企业就要做出提高经营安全率的决策。提高经营安全率有两个途径：第一，增加销售额；第二，将盈亏平衡点下移。盈亏平衡点下移有三种办法：

（1）降低固定成本；

（2）降低变动成本；

（3）增加固定成本，降低变动成本，使总成本降低。

9.2.6　盈亏平衡分析的应用

[例 9-6] 盈亏平衡点的确定。

某企业生产小汽车，每季度的固定成本为 9000 万元，每辆汽车可变成本 4 万元，单位售价 11.5 万元。求该企业生产汽车的盈亏平衡点。

解: 已知 $F = 90000000$，$v = 40000$，$p = 115000$，求 $Q_0 = ?$

$Q_0 = 90000000/(115000 - 40000) = 1200$（台）

[例 9-7] 设备更新决策。

假设更新前的固定成本为 3000 元，单位变动成本 5 元，价格 10 元；更新后的固定成本 4000 元，单位变动成本 3 元，价格不变。

更新前盈亏平衡点：$Q_1 = F_1/(p - v_1) = 600$（件）

更新后盈亏平衡点：$Q_2 = F_2/(p - v_2) = 571$（件）

假设设备更新前后总成本相等的点为 Q_3，则有等式：

$$F_1 + Q_3 v_1 = F_2 + Q_3 v_2$$
$$Q_3 = (F_2 - F_1)/(v_1 - v_2) = 500(件)$$

若实际产量 $Q > Q_2$，则更新后的利润大于更新前的利润；若 $Q_3 < Q < Q_2$，更新前后都将亏损，但更新后的成本略低于更新前的成本；若 $Q < Q_3$，则更新后的成本高于更新前的成本。

[例9-8] 产品定价决策

企业要实现目标利润 $I = pQ - (F + vQ)$

可得单价　$p = v + F/Q + I/Q$

假设某产品单位可变成本 20 元，固定成本 5 万元，预测的产销量为 10 万件，企业目标利润是 40 万元。该产品单价应为 $p = 20 + 5/10 + 40/10 = 24.5$（元）。

[例9-9] 经营安全状态判断

某企业本期财务资料如下：

销售额 $S = 54900$ 万元，变动成本 $v = 43600$ 万元，固定成本 $F = 10000$ 万元，利润 $I = 1300$ 万元。下期目标利润为 1500 万元，固定成本因增加新设备而增加 7%，变动成本率（V/S）不变。问实现下期目标利润的必要销售额应为多少？

解： 利润 I = 销售额 S − 成本 $C = pQ - (F + vQ)$

产量 $Q = (I + F)/(p - v)$

销售额 $S = pQ = p(I + F)/(p - v) = (I + F)/(1 - v/S)$

下期利润 $I = 1500$ 万元，固定成本 $F = 10000 + 700 = 10700$（万元）

销售额 $S = (1500 + 10700)/(1 - 0.7942) = 59280$（万元）

盈亏平衡点销售收入 $S_0 = pQ_0 = F/(1 - v/p) = 10700/(1 - 0.7942) = 51992$（万元）

经营安全率 $\eta = \dfrac{S - S_0}{S} = (59280 - 51992)/59280 = 12.3\%$

显然，经营安全率为 12.3%，预示下期经营处于警惕状态，一旦销售额下降 12.3%，目标利润 1500 万元就无法实现。因此，决策者必须想方设法完成 59280 万元的必要销售额。

10 风险型决策

10.1 问题概述

未来情况未知，但各种自然状态出现的概率已知，这种条件下的决策称为风险型决策。它是以概率或概率密度为基础的，具有随机性。例如，一个厂家不知道新型组合家具投产后的实际购买率如何，但是可以根据历史资料，得到几种可能购买率及其相应的概率，这对于生产厂家进行决策是有帮助的。这种决策由于各种自然状态的发生与否是与概率相关联的，而决策又是根据概率做出的选择，因而具有一定的风险，所以称为风险型决策，也称为随机型决策或统计型决策。它具备如下五个条件：

（1）存在决策人希望达到的目标（收益最大或损失最小）；

（2）存在两个或两个以上的备选方案可供决策人选择，最后只选定一个方案；

（3）存在两个或两个以上的自然状态；

（4）不同的备选方案在不同自然状态下的相应损益值可以计算出来；

（5）相对应于各种自然状态发生的概率可以预先估计或计算出来。

在风险型决策中，主要采用几种准则进行判断：最大可能准则、期望值准则和边际概率准则。

决策过程包括确定目标、判定自然状态及其概率、拟定多个备选方案、评价方案和选择最优（或满意）方案等五个步骤。

[例 10-1] 某工程队需要决定第二天是否施工。若进行施工，当天下雨时将损失 1000 元，当天不下雨时将获得收益 10000 元；若不进行施工，无论是否下雨，由于窝工将损失 300 元。根据天气预报，决策者估计第二天下雨的可能性为0.3，不下雨的可能性为 0.7。

在这个问题中，需要决策者在面对第二天是否下雨这样具有随机因素的问题时，对是否施工这两个方案做出决策，使工程队收益最大。

风险型决策经常运用矩阵表示法和决策树表示法。

10.1.1 矩阵表示法

损益矩阵由三部分组成：

（1）可行方案。可行方案也称备选方案，是由各方面专家根据决策目标，综合考虑资源条件及实现的可能性，经充分讨论研究制定出来的。备选方案必须在两个或两个以上，如果只有一个方案，那么只要照此采取行动就可以了，而不需要进行选择。例如，阴天是否带雨具的问题，它的备选方案集合是｛带雨具，不带雨具｝；又如，要到某地，出行的备选方案集合为｛骑自行车，步行，乘公交车，乘出租车，自驾车｝，需要根据目标值采取相应的方案。

（2）自然状态及其发生的概率。自然状态是指各种可行方案可能遇到的客观情况和状态。是不依决策者主观意志为转移的客观环境条件。如新产品是否投产问题，｛产品销路好，产品销路一般，产品销路差｝构成了自然状态集。这些情况和状态来自系统的外部环境，决策者不能控制。

（3）损益值。即各种可行方案的可能结果。它是根据不同可行方案在不同自然状态下的资源条件、生产能力的状况，应用综合分析的方法计算出来的收益值或损失值。如企业的投资效果、利润总额、亏损额等。

设状态空间为 S，是由各自然状态构成的集合，$S = \{s_1, s_2, \cdots, s_n\}$；设决策空间为 D，是由各备选方案构成的集合，$D = \{d_1, d_2, \cdots, d_m\}$；设收益值为 $c_{ij} = f(d_i, s_j)$，表示第 i 种方案在第 j 种自然状态下的损益值。这样，决策问题可以用表 10-1 的矩阵形式表示出来，其中：P_i 是针对 s_i 状态的概率，$\sum P_i = 1$，$0 \leq P_i \leq 1$，$i = 1, \cdots, n$。

表 10-1 损益矩阵表

状态与概率 / 方案	s_1	s_2	$\cdots$	s_n
	P_1	P_2	$\cdots$	P_n
d_1	c_{11}	c_{12}	$\cdots$	c_{1n}
d_2	c_{21}	c_{22}	$\cdots$	c_{2n}
$\vdots$	$\vdots$	$\vdots$	$\vdots$	$\vdots$
d_m	c_{m1}	c_{m2}	$\cdots$	c_{mn}

用损益矩阵将［例 10-1］的决策问题表示为表 10-2。

表 10-2 ［例 10-1］的决策问题

状态与概率 / 方案	s_1天下雨	s_2天不下雨
	$P_1 = 0.3$	$P_2 = 0.7$
开工 d_1	$c_{11} = -1000$	$c_{12} = 10000$
不开工 d_2	$c_{21} = -300$	$c_{22} = -300$

10.1.2 决策树表示法

决策树是一种树形图，能将决策的过程形象地描述出来。它把各种备选方案、可能出现的自然状态及各种损益值用图的形式绘制出来，便于直观地分析决策过程。决策树的绘制包括以下几个步骤：

（1）以方框为决策点，圆圈表示状态点，小三角表示树的末端，是损益值；

（2）由方框引出的树枝称为方案枝，每一个方案由一个树枝代表；

（3）由圆圈引出的树枝称为状态枝，每一个状态由一个树枝代表，在其旁边注明该状态发生的概率；

（4）在状态枝的末端，画上三角表示结束，并注明该状态在该方案下的损益值。

［例 10-1］的决策树表示法用图 10-1 来表示。

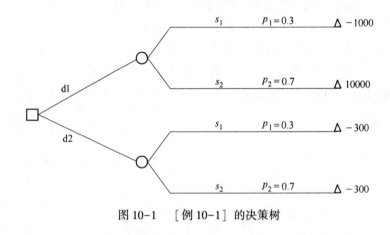

图 10-1　　［例 10-1］的决策树

10.2　最大可能准则

10.2.1　含义及特点

所谓最大可能准则，是在具有最大概率的状态下根据收益值大小进行决策，而不考虑其他状态。最大可能准则是基于概率论中关于状态的概率越大、发生的可能性越大的思想提出来的。由于最大可能状态也是仅以一定的概率出现的，所以按这一准则决策具有一定的风险。

10.2.2　决策步骤

（1）从对表 10-3 中的各自然状态的概率值中，选出最大者，不妨设为 P_i，其对应的状态 s_i 是各状态中最有可能出现的状态。

表 10-3 最大可能准则决策

状态 方案	$P_2 = 0.7$ s_2天不下雨
开工 d_1	10000
不开工 d_2	-300

（2）由于仅在最大可能状态下决策，而不考虑其他状态，故此决策问题可以看成是确定型决策问题，可根据 s_i 状态下各方案的损益值进行决策。

在［例 10-1］中，$P_2 = 0.7 > P_1 = 0.3$，所以只考虑 s_2 天不下雨的状态。

由表 10-3 可以知道，在天不下雨的情况下，开工将盈利 10000 元，不开工将损失 300 元。在最大可能准则下做出的决策为采用方案 d_1，即开工方案，将得到效益 10000 元。

注意：（1）从上述过程中易见，确定型决策是风险决策的特例，即 $P_i = 1$，$P_j = 0$（$j = 1$，…，n；$j \neq i$）；（2）在使用最大可能准则进行决策时，应注意该准则仅当各概率值中最大概率比其他概率值大得多时效果才好，若一组概率值大小比较接近，则不应使用该准则。

10.3 期望值准则

10.3.1 含义及特点

期望值准则是根据各备选方案在各自然状态下的损益值的概率平均的大小，决定各方案的取舍。这里所说的期望值就是概率论中离散随机变量的数学期望，即

$$E(d_i) = \sum c_{ij} P_j$$

式中，$E(d_i)$ 就是第 i 个方案的期望值。

期望值准则是把每个备选方案的期望值求出来，加以比较。如果决策目标是效益最大，则采取期望值最大的备选方案；如果损益矩阵的元素是损失值，而且决策目标是使损失最小，则应选定期望值最小的备选方案。

10.3.2 决策步骤

（1）矩阵表示法中的决策

1）按各行计算各状态下的损益值与概率值乘积之和，得到期望值；

2）比较各行的期望值，根据决策目标，选出最优者，其所在备选方案就是决策方案。

（2）决策树表示法中的决策

1）从右向左，对各方案枝，将其所包含的各状态枝上的概率值与末端节点

的损益值相乘，然后将这些状态枝的乘积求和，计算各方案的期望收益值，标在各方案枝上；

2）比较各方案枝标记的值，根据决策目标，选出最优方案。其余方案舍弃，称为修枝，在图上通常记为将方案枝割切的两道短线。

[例10-2] 某厂要确定下一计划期内产品的生产批量，根据以前的经验并通过市场调查和预测，已知产品销路好、一般、差三种情况的可能性（即概率）分别为0.3，0.5，0.2，产品采用大、中、小批量生产的备选方案，可能获得的效益价值也可以相应地计算出来，详见表10-4。现在采用期望值准则，确定合理批量，使企业获得的效益最大。

表10-4 某厂损益矩阵表

状态及概率 方案	s_1 产品销路好 $P_1 = 0.3$	s_2 一般 $P_2 = 0.5$	s_3 差 $P_3 = 0.2$
d_1 大批量生产	20	12	8
d_2 中批量生产	16	16	10
d_3 小批量生产	12	12	12

解：（1）矩阵表示法：

$E(d_1) = 20 \times 0.3 + 12 \times 0.5 + 8 \times 0.2 = 13.6(万元)$

$E(d_2) = 16 \times 0.3 + 16 \times 0.5 + 10 \times 0.2 = 14.8(万元)$

$E(d_3) = 12 \times 0.3 + 12 \times 0.5 + 12 \times 0.2 = 12.0(万元)$

通过比较可知，$E(d_2) = 14.8$（万元）最大，所以采取备选方案 d_2，也就是采取中批量生产这样一个决策。

（2）决策树表示法（见图10-2）：

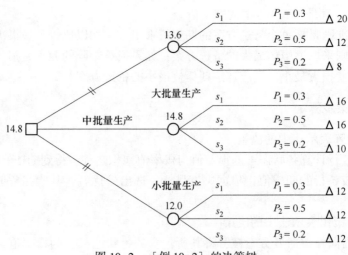

图10-2 [例10-2] 的决策树

10.4 边际概率准则

边际概率准则是运用边际分析原理，计算风险型决策问题的边际概率，以此为标准选择决策的最佳方案。

边际分析的基本思想是：在某一产量水准时，分析提高此水准后的利弊关系。当利大于弊，自然应当提高产量水准；反之，则应降低产量水准；当提高产量水准利弊相当时，此产量水准即是最佳产量水准。

运用边际概率准则解决风险型决策问题时，要弄清边际收入、边际损失和边际概率三个概念。

边际收入是指每多生产一个单位产品能售出而新增加的收入，即某产量水平上增加一个单位产品所带来的收入，用 MP 表示。

边际损失是指每多生产一个单位产品不能售出而造成的损失，即某产量水平上增加一个单位产品所带来的损失，用 ML 表示。

企业的生产水平或订购水平，一般都是按市场需求而定的，因此，在这一水平上增加的单位产品，都有售出和售不出的可能性。我们将某产量水平上增加一个单位产品售出概率定为 P，则其售不出的概率就是 $1-P$。这样，在分析风险型决策问题的边际收入和边际损失时，就必须考虑售出概率和售不出的概率，即计算边际收入期望值和边际损失期望值。

边际收入期望值是边际收入与增加的单位产品售出概率的乘积，为 $MP \cdot P$。边际损失期望值是边际损失与增加的单位产品售不出概率的乘积，为 $ML \cdot (1-P)$。

显然，当边际收入期望值大于边际损失期望值时，属于有利可图，应增加该单位产品；反之，当边际收入期望值小于边际损失期望值时，属于无利可图，不应增加该单位产品；而当边际收入期望值等于边际损失期望值时，增加该单位产品对企业经营利弊相当，我们把这种情况的产量水平称为最佳产量生产水平或最佳订货水平，此时的单位产品售出概率记为 P_0，于是有公式：

$$MP \cdot P_0 = ML \cdot (1 - P_0) \tag{10-1}$$

边际概率计算公式为：

$$P_0 = \frac{ML}{MP + ML} \tag{10-2}$$

边际概率是使产品边际收入期望值与边际损失期望值相等时的单位产品售出概率，它表示产品能够售出的最低概率，又称临界概率或转折概率。

风险型决策中，按边际概率准则选择方案的步骤为：

（1）根据已知条件，明确该决策的边际收入和边际损失，计算边际概率 P_0。

（2）计算各备选方案的售出概率 P_i。

（3）将各备选方案的售出概率 P_i 与边际概率 P_0 进行比较，选出 $P_i = P_0$，或 $P_i > P_0$ 且最接近 P_0 的 A_i 方案为最佳方案。

[**例 10-3**] 某冷饮店拟订某种冷饮 7、8 月份的日进货计划。该品种冷饮进货成本为每箱 30 元，销售价格为 50 元，当天销售后每箱可获利 20 元。但如果当天剩余一箱就要亏损 10 元。现市场需求情况不清楚，但有前两年同期 120 天的日销售量资料如表 10-5 所示，用边际概率准则对进货计划进行决策。

表 10-5　某冷饮店 120 天日销售量资料

日销售量/箱	完成日销售量天数	概率值
100	24	24/120 = 0.2
110	48	48/120 = 0.4
120	36	36/120 = 0.3
130	12	12/120 = 0.1
合计	120	1.0

解：根据题意，明确决策问题的边际收入，即进货每增加一箱，顺利售出可以多得利润 20 元，即边际利润为 20 元，未能售出将会蒙受损失 10 元，即边际损失 10 元。这样就可计算边际概率：

$$P_0 = \frac{ML}{MP + ML} = \frac{10}{20 + 10} = 0.33$$

市场日销售量至少为 100 箱的售出概率为 1.0，因为日销售量为 110 箱、120 箱、130 箱时，都已把销售 100 箱包括在内，所以至少销售 100 箱的概率为 4 种日销售量的销售概率之和，即 0.2+0.4+0.3+0.1=1.0。但至少销售 110 箱的概率，则不包括只销售 100 箱的概率在内，其售出概率为 0.4+0.3+0.1=0.8，依次类推，日销售 120 箱和 130 箱的售出概率分别为 0.4 和 0.1，如表 10-6 所示。

表 10-6　售出概率

日销售量/箱	概率	售出概率 P_i
100	0.2	1.0
110	0.4	0.8
120	0.3	0.4
130	0.1	0.1

观察表 10-6，以 $P_0 = 0.33$ 为标准，最接近且大于 P_0 的 $P_i = 0.4$，相应的日销售量为 120 箱，也就是选择日进货 120 箱的方案为最佳方案。

11 不确定型决策

前面谈到的确定型决策问题，是指已经知道某种自然状态必然发生；风险型决策问题，虽然不知道哪种自然状态必然发生，但是每种自然状态发生的可能性（概率）是可以预先估计或利用历史资料得到的。而不确定型决策是既不知道哪种自然状态发生，也不知道自然状态发生的概率。在这种情况下，有几种决策准则，这些准则的应用，完全取决于决策者的经验和性格，各决策者可根据问题的特点和自己的愿望偏好，从中选择一种。应该指出的是，由于决策准则不同，对于决策者本人而言的最优决策的意义也不同，当然选择的最终方案也可能不同，下面介绍几种不确定型决策的决策准则及由决策准则选择最优方案的方法。

11.1 决策准则

11.1.1 乐观准则

乐观准则，也称大中取大准则。

选择该准则的决策者对客观情况比较乐观，愿意争取一切获得最好结果的机会。

决策的步骤是：

先从每个方案中选出一个最大收益值，再从这些最大收益值中选出最大值，该最大值对应的方案为决策所选定的方案。

[例 11-1] 某石油冶炼厂对是否从油田页岩中提取石油制品的方案进行决策。

决策目标：收益最大。

原油价格发生波动的四种自然状态：

s_1，低于现行价格（简称低价）；

s_2，现行价格不变（简称现价）；

s_3，高于现行价格（简称高价）；

s_4，发生禁运，价格暴涨（简称禁运）。

工厂准备采取的行动方案是：

d_1，全力以赴搞油田页岩的提炼研究；

d_2，研究与开发相结合；

d_3，全力发展生产，不做任何研究。

不同备选方案在不同价格状态下，相应的收益值如表 11-1 所示，利用乐观准则进行决策。

表 11-1 收益值表 （百万元）

方案	自然状态			
	s_1 低价	s_2 现价	s_3 高价	s_4 禁运
d_1	−50	0	50	55
d_2	−150	−50	100	150
d_3	−500	−200	0	500

解：采用乐观准则进行决策

$$\max_{d_1} \{-50, 0, 50, 55\} = 55$$

$$\max_{d_2} \{-150, -50, 100, 150\} = 150$$

$$\max_{d_3} \{-500, -200, 0, 500\} = 500$$

从三个最大收益值中选出最大者为 500，按照乐观准则，与可获益 5 亿元相对应的方案应作为决策方案，即工厂应全力发展生产，不做任何研究。

显然，这种准则是将决策建立在最乐观的估计之上，在实际工作中采用这种准则的风险最大，一般只有在无损失、或损失不大、或十分有把握的情况下才可以使用。

11.1.2 悲观准则

悲观准则，也称为小中取大准则。

选择该准则的决策者对客观情况比较悲观，总是小心谨慎，从最坏结果着想；决策者假定未来是最大理想状态的占优势。

决策的步骤是：

在决策中，先从各方案中选出一个最小收益值，再从这些最小收益值中选出一个最大收益值，其对应方案为决策选定方案。

对 ［例 11-1］采用悲观准则进行决策。

解：按照悲观准则，先选出每个方案在各种自然状态下的最小收益值。

$$\min_{d_1} \{-50, 0, 50, 55\} = -50$$

$$\min_{d_2} \{-150, -50, 100, 150\} = -150$$

$$\min_{d_3} \{-500, -200, 0, 500\} = -500$$

再从三个最小收益值中选出最大者为-50。与亏损5000万元相对应的方案d_1是决策方案，即工厂应全力以赴搞油田页岩的提炼研究。

悲观准则实际上是从最坏处考虑，在最坏的情况下选择一个相对好的，因而是一种保守的、稳妥的决策过程。当决策者考虑损失值时，应采用此法。

11.1.3 折中准则（乐观系数准则）

这是乐观准则与悲观准则的折中。人们一般认为，完全乐观、完全悲观都是一种极端的态度，现实的态度应是既不乐观，又不悲观。于是人们提出用一个乐观系数$\alpha(0 \leqslant \alpha \leqslant 1)$将乐观与悲观结果折中，也就是将乐观结果与悲观结果加权平均。

选择该决策准则的决策者对客观情况的态度介于乐观者和悲观者之间，主张从中平衡、折中处理。

决策的步骤是：

决策者根据自己的愿望、经验和过去的数据，给出乐观系数α，对每一个方案计算折中收益值。

折中收益值=α×最大收益值+$(1-\alpha)$×最小收益值

$$E(d_i) = \alpha\max\{c_{ij}\} + (1-\alpha)\min\{c_{ij}\} \tag{15-1}$$

式中，$E(d_i)$为各个方案的折中期望收益值。

再从诸$E(d_i)$中选择数值最大者，与其相对应的方案就是决策方案。

对［例11-1］利用折中准则进行决策。

解：若决策者对未来情况持一定的乐观态度，认为石油价格暴涨的可能性比低于现价的可能性要大，因而可选取乐观系数$\alpha=0.6$，计算各个方案的折中期望损益值为：

$$E(d_1) = 0.6 \times 55 + 0.4 \times (-50) = 13$$
$$E(d_2) = 0.6 \times 150 + 0.4 \times (-150) = 30$$
$$E(d_3) = 0.6 \times 500 + 0.4 \times (-500) = 100$$

从各个方案的折中期望损益值中选取最大者为100，d_3即是决策方案，即工厂应全力发展生产，不做任何研究。特殊情况，当$\alpha=0$时，即为悲观准则；当$\alpha=1$时，为乐观准则，α越大，越乐观。α的选择，具有一定的主观性，因人而异。

11.1.4 等可能性准则

等可能性准则又称为拉普拉斯准则。

选择该准则的决策者认为，在对未来事件发生的概率缺乏了解的情况下，没有理由认为哪一种自然状态出现的可能性大些或小些，则可假定各种自然状态出现的可能性相同，即赋予每种自然状态出现相等的概率，若有 n 种自然状态，那么每种自然状态的概率都是 $1/n$。这就转化成了风险型决策，采用风险型决策中的期望值准则，就可以得到最优决策。所以说，等可能性准则是风险型决策中的期望值准则的特例。

以相同的概率 $1/n$ 分别计算各方案的预期损益值，再从中选取最大值者，与其相对应的方案就是决策方案。

对 [例 11-1] 用等可能性准则进行决策。

解：因为石油价格的变化有四种自然状态，按等可能性准则决策，则每种状态的概率为 0.25，计算各个方案的预期损益值为

$$E(d_1) = 0.25 \times (-50 + 0 + 50 + 55) = 13.75$$

$$E(d_2) = 0.25 \times (-150 - 50 + 100 + 150) = 2.5$$

$$E(d_3) = 0.25 \times (-500 - 200 + 0 + 500) = -50$$

从上面三个预期损益值中选取最大者 13.75，与其相对应的方案 d_1 是决策方案，即按等可能性准则，工厂应全力以赴搞油田页岩的提炼研究。

11.1.5 后悔值准则

各状态中，最大损益值与其他损益值之差，称为"后悔值"，也就是将每种自然状态的最高值定为该状态的理想目标，将该状态中的其他值与最高值相减所得之差称为"未达到理想之后悔值"，将后悔值构成的矩阵称为"后悔值矩阵"。后悔值准则就是在决策中，要求使未来的后悔值达到最小。

决策的步骤是：

(1) 由损益值矩阵导出的后悔值矩阵；

(2) 在后悔值矩阵中对每一方案选出最大后悔值；

(3) 从这些最大后悔值中选出最小后悔值，它所对应的方案为选定的决策方案。

对 [例 11-1] 利用后悔值准则进行决策。

解：按后悔值准则，根据表 11-1 的数据，找到各自然状态下的最高收益值，如表 11-2 所示；再计算各个备选方案在每种自然状态下的后悔值，如表 11-3 所示。

表 11-2 各状态最高收益值　　　　　　　　　　　　　　　（百万元）

自然状态	s_1 低价	s_2 现价	s_3 高价	s_4 禁运
最高收益值	-50	0	100	500

根据收益值表11-1得出后悔值表,如表11-3所示。

表11-3 后悔值表

自然状态 方案	s_1 低价	s_2 现价	s_3 高价	s_4 禁运
d_1	$-50-(-50)=0$	$0-0=0$	$100-50=50$	$500-55=445$
d_2	$-50-(-150)=100$	$0-(-50)=50$	$100-100=0$	$500-150=350$
d_3	$-50-(-500)=450$	$0-(-200)=200$	$100-0=100$	$500-500=0$

由表11-3可知,各个方案的最大后悔值分别为

$$E(d_1)=445 \quad E(d_2)=350 \quad E(d_3)=450$$

选取其中最小者350,与其对应的方案 d_2 是决策方案。按照后悔值准则,工厂应采取研究与开发相结合的方案。

在不确定型决策问题中,对于同一决策问题,采用的决策准则不同,有些会是一致的结论,有些则完全不同,[例11-1] 中的资料分别用五种不同准则得到的结果综合如下:

决策准则	决策方案
乐观准则	d_2
悲观准则	d_1
折中准则	d_3 ($\alpha=0.6$)
等可能性准则	d_1
后悔值准则	d_2

如何选择一个合适的准则,与决策者的经验、性格、资本等情况有关,也与当时的外部环境(如政策等)有关,应了解各种准则的含义,适时采用。

11.2 多阶段决策

在管理决策中,凡是决策的问题通过一次决策就可以求得满意的决策方案,称单阶段决策。在决策过程中,需要将研究的问题分为两个或两个以上阶段的决策分析来找出的满意方案,称为多阶段决策。多阶段决策分析中,整个决策过程各阶段的决策相互间存在依存关系,所以也叫序贯决策。多阶段决策分析方法一般用决策树法。

[例11-2] 某厂为适应市场的需要,准备扩大生产能力,有两种方案可供选择:第一方案是建大厂;第二方案是先建小厂,后考虑扩建。如建大厂,需投资700万元,在市场销路好时,每年收益210万元,销路差时,每年亏损40万元。在第二方案中,先建小厂,如销路好,3年后进行扩建。建小厂的投资为300万元,在市场销路好时,每年收益90万元,销路差时,每年收益60万元,如果3

年后扩建，扩建投资为 400 万元，收益情况同第一方案一致。未来市场销路好的概率为 0.7，销路差的概率为 0.3；如果前 3 年销路好，则后 7 年销路好的概率为 0.9，销路差的概率为 0.1。无论选用何种方案，使用期均为 10 年，试做决策分析。

第一步，画出决策树图（见图 11-1）。

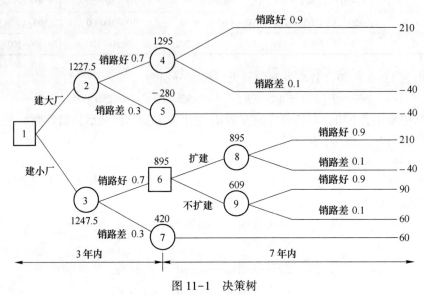

图 11-1　决策树

第二步，从右向左计算各点的期望收益值。

点 4：210×0.9×7−40×0.1×7＝1295（万元）

点 5：−40×7＝−280（万元）

点 2：1295×0.7＋210×0.7×3−280×0.3−40×0.3×3＝1227.5（万元）

点 8：210×0.9×7−40×0.1×7−400＝895（万元）

点 9：90×0.9×7＋60×0.1×7＝609（万元）

点 6 是个决策点，比较点 8 和点 9 的期望收益，选择扩建。

点 6：895（万元）

点 7：60×7＝420（万元）

点 3：895×0.7＋210×0.7×3＋420×0.3＋60×0.3×3＝1247.5（万元）

第三步，进行决策。

比较点 2 和点 3 的期望收益，点 3 期望收益值较大，可见，最优方案是先建小厂，如果销路好，3 年以后再进行扩建。

12   多目标决策

前面几章讨论的决策都是单一目标决策。在现实中，有许多决策问题需要考虑多个目标。例如：一个工艺方案，希望既达到优质，又能高产、低耗。确定新产品开发策略，必须考虑企业的投资能力、市场引力、潜在获利、营销能力、风险程度等。一个国家的经济既要求能够持续发展，又要求有一定的发展速度，同时还要求各部门协调健康发展。就个人生活而言，选购外衣，要权衡式样、尺寸、颜色、质地、价格等。总之，无论是大的决策还是小的决策，都可能涉及多个目标的问题。本章我们先介绍多目标决策的特点、分类与基本概念，然后再讨论目标规划法。

12.1   多目标决策基础

要满足两个以上目标的决策，称之为多目标决策。在实际情况中多目标问题是十分常见的。首先讨论多目标决策问题的一些基本问题。

12.1.1   多目标决策问题的特点、要素与原则

12.1.1.1   多目标决策问题的特点

（1）目标之间的不可公度性。目标之间的不可公度性是指各个目标之间没有一致的衡量标准，难于进行相互比较。一般来说，各目标具有完全不同的性质，计量单位是不同的，如在设计发电站的例子中，电能用千瓦计量，而淹没的农田用亩计量。更有些目标，无法度量，如衣服的式样。

（2）目标之间的矛盾性。多目标问题之间常常是相互矛盾的，要想提高一个目标的值，常常要以牺牲另外一些目标的值为代价。例如设计水力发电站，要想发出的电能多，就要把水坝筑得高，但这样就会淹没更多的农田，这是相互矛盾的。购买新服装，要求式样新、质地好，就要花费高，这也是相互矛盾的。

（3）决策人偏好的差异性。决策人的偏好不同、决策也不同。决策人对风险的态度，或者说，对某一个目标的偏好不同，都会影响决策的结果。如追求时髦的年轻人喜欢式样新颖的服饰，价格高也会购买，但中年以上的人可能就以经济、实惠为主要目标。

由于有如上三大特点，就给多目标决策的求解带来很多困难。

12.1.1.2 多目标决策问题的基本要素

（1）决策单元。在多目标决策过程中，决策人、决策分析人员和计算机等结合起来构成决策单元，其主要作用包括：收集并处理各种信息，制定决策规则，做出决定等。

（2）目标和属性集。人们所要达到的目的称为目标，为了具体化，便于计算和度量，常把总目标分解为中目标，小目标。为了衡量目标达到的程度，常采用一定的评价标准，称为目标的属性。对属性的要求是易于测量和理解。例如研究目标是"经济快速的发展"，就可用"年经济增长率"这一属性来表示。

12.1.1.3 简化问题的原则

如果在构成多目标决策问题时过于复杂，那么就给解决问题增加了难度，为了使问题简单化，在构成问题时应遵循下列两个基本原则。

（1）化多为少原则。在实际问题中，决策目标数越多，选择标准就越多，比较和选择各种不同方案就越困难。因此，应将目标化多为少，即在满足决策的前提下，尽量减少目标的个数。我们通常的做法有如下几种：

1）剔除那些不必要和从属性的目标。通过分析认为不必要和从属性的目标应剔除。例如，已把"提高企业利润"作为决策的目标，就不必再将"降低成本"也同时列为决策目标。因为降低成本就是实现提高利润的手段之一，是从属性的子目标，可以剔除。如果决策的各目标中，包括两个对立而无法协调的目标。经过决策者权衡之后，在必要时，就应牺牲其中的一个。

2）合并类似目标。多目标决策问题由于目标之间有明显的客观联系，故可以把类似的几个目标合并为一个目标来解决。如一个企业要求做到降低原材料费用、降低管理费用、降低人工费用等，就可以把它们合并成为"降低成本"一个目标。

3）把次要目标列为约束条件。根据各个目标的重要性，分清主次关系，把本质的主要目标列为目标，而把其余的非主要、非本质的列为约束条件。

4）构成综合目标。我们可以把几个目标，通过同度量、平均或构成函数的办法构成一个综合目标。

（2）目标排序原则。所谓目标排序，就是决策者根据目标的重要程度排成一个次序，最重要的目标排在第一位，在选择方案时，必须先达到重要目标后才能再考虑下一个目标，然后再进行选择，做出决策。

在实际工作中，遇到多目标决策问题时，虽然可以通过一些办法把目标数目减少，化为单一目标问题来解决。但是在有些情况下却很难做到这一点，难于用简单的方法按各目标间的客观联系直接转化为单目标，因此，仍然需要寻找解决多目标决策问题的方法。

12.1.2 多目标决策问题的分类

现实中的多目标决策问题，根据决策方案的多少，可分为有限个方案的多目标决策问题和无限个方案的多目标决策问题，后一类通常称为多目标规划问题。

（1）有限个方案的多目标决策问题。

多目标决策可以分两类，一类是多个目标、多种方案之间的优化决策。还有一类是，虽然只有一个目标，但评价这一个目标是多种标准的、多种方案之间的优化决策。后一种又称为多属性决策。比如，决策目标是要选拔一个好干部，这是一个目标。但什么是好的干部，不能用一个简单数量指标去反映，要研究它的多方面属性，用好多指标，如专业化、年轻化、知识化等多个指标去反映，所以又称为多准则决策。也称多目标决策。

（2）无限个方案的多目标决策问题即多目标规划。

在多目标决策中（第一类），有限个方案一般事先是知道的，然后根据多个准则去选择最优的方案。而在多目标规划中，在给定的约束范围内方案数目是无限的，因而事先不能一个一个列举出来，各方案的属性值也是一个连续变化量。因此决策过程就是一个逐步寻优、确定最优方案的过程。

12.1.3 多目标决策方法

多目标决策的方法是多种多样的，其中比较有代表性的方法是：层次分析法、模糊综合决策法及目标规划法。

12.2 目标规划法

12.2.1 目标规划的概念

20世纪60年代初，查恩斯（Charnes）和库伯（Cooper）提出了一种用于求解多于一个目标的线性决策模型方法，并提出了目标规划的概念。目标规划是用线性规划的原理来处理多目标问题的一种方法。利用目标规划进行多目标决策，无需像无量纲加权总和法那样将各目标换算成统一的量纲。但它同样要求对各目标重要性有先后顺序的安排。由于目标规划应用了线性规划原理，因此它也有约束条件与目标函数，只是在目标规划中，约束条件除对各决策变量的条件约束（称为系统约束）外，还有人为假设的对目标的条件约束（称为目标约束），它的目标函数完全不同于线性规划中单一目标与各变量间的函数式，而是各目标待定量与各设定目标值（假设值）的差值（未知量）之代数和。目标规划就是要求能在上述约束条件下使得上述目标函数为最小时的各变量值，使之求出的各目标值以总体最优为出发点尽可能接近设定目标。下面结合例子说明目标规划法的求解步骤。

[**例 12-1**] 某车间生产甲、乙两种产品，均必须经过两道工序，分别由 A、B 两个作业组承担，设备及作业组每天所能提供的劳动量受一定限制。问当甲产品每公斤售价为 200 元，乙产品每公斤售价为 370 元时，该车间每天应如何安排两种产品的生产量才能使产值最大？（有关数据见表 12-1）。

表 12-1 车间生产两种产品的资料

作业组	甲产品每公斤加工时间/h	乙产品每公斤加工时间/h	各作业组每天能提供最大劳动量/h
A	2	1	30
B	1	2	24

很显然，此例可用一般线性规划方法求解，设每天甲产品产量为 x，乙产品产量为 y，求 x、y 的值，使它们满足：

约束条件：

$$\begin{cases} 2x + y \leq 30 \\ x + 2y \leq 24 \\ x, \ y \leq 0 \end{cases}$$

并使：$Z = 200x + 370y$，有最大值。

利用线性规划可求得当 $x = 12$ 公斤，$y = 6$ 公斤时，每天有最大产值 4620 元。

引入目标规划的概念后，上述单目标决策问题也可以用目标规划法求解，只是对决策目标——产值应设定一个目标值（这里设目标值为 5000 元），这样就可根据目标规划的要求将原目标函数变为约束条件（目标约束）。即

$$200x + 370y + d_1^- - d_1^+ = 5000$$

式中，d_1^- 表示最优解的产值量小于设定目标 5000 元的差额；d_1^+ 表示最优解的产值量高于设定目标 5000 元的差额；因此在产值量求出之前，d_1^-，d_1^+ 都是未知量。

根据题目要求，还可以列出下列这个目标规划的目标函数：

$$\min Z = d_1^-$$

其意义是要求所求得产值量尽可能接近目标值。这样使问题的目标规划表达式为

$$\begin{cases} 2x + y \leq 30 \\ x + 2y \leq 24 \\ 200x + 370y + d_1^- - d_1^+ = 5000 \\ x, \ y, \ d_1^-, \ d_1^+ \geq 0 \end{cases}$$

上述表达式与一般线性规划表达式完全相同，只是多了 d_1^+ 和 d_1^- 两个变量，因此也可用单纯形法求解，其结论与前面直接用线性规划求解一样，即当 $x = 12$ 公斤，$y = 6$ 公斤时，有最大产值 4620 元，$d_1^- = 5000 - 4620 = 380$（元）。

上例表明，应用目标规划可以代替一般线性规划做单目标决策，然而目标规划的优点还在于它能解决多目标决策问题。

[**例 12-2**] 在例 12-1 中，如果车间不但注意追求较高的产值，而且注意追求较大的利润。设甲产品每公斤盈利 30 元，乙产品每公斤盈利 80 元，其他条件不变。求最优策略。

对此例首先必须为产值、利润设定目标值，这里设产值目标值为 5000 元，利润目标值为 960 元，这样目标约束为

$$\begin{cases} 200x + 370y + d_1^- - d_1^+ = 5000 \\ 30x + 80y + d_2^- - d_2^+ = 960 \end{cases}$$

式中　d_1^-——所求产值低于产值目标的差数；

　　　d_1^+——所求产值高于产值目标的差数；

　　　d_2^-——所求利润低于利润目标的差数；

　　　d_2^+——所求利润高于利润目标的差数。

根据题意目标函数应为

$$\min Z = d_1^- + d_2^-$$

于是本题的目标规划表达式为

$$\begin{cases} 200x + 370y + d_1^- - d_1^+ = 5000 \\ 30x + 80y + d_2^- - d_2^+ = 960 \\ 2x + y \leqslant 30 \\ x + 2y \leqslant 24 \\ x, \ y, \ d_1^-, \ d_1^+, \ d_2^-, \ d_2^+ \geqslant 0 \end{cases}$$

用单纯形法求解，结果为当 $x = 12$ 公斤，$y = 6$ 公斤时，最大产量值 4620 元，最高利润 840 元。此时 $d_1^- = 360$ 元，$d_2^- = 120$ 元，$d_1^+ = d_2^+ = 0$。

以上两例介绍了利用目标规划法进行多目标决策的步骤。在例 12-1 中，是将产值与利润对决策的影响置于同等重要的地位，表现为在目标函数 $Z = d_1^- + d_2^-$ 中 d_1^- 与 d_2^- 具有同样系数 1。而实际上当遇到多目标决策问题时，各目标有主次或轻重缓急的不同，决策者对不同目标的重要性总有偏颇，这样就必须引入优先因子的概念对目标函数作适当修正。

设有一组数 $P_1 \gg P_2 \gg \cdots \gg P_k$（$k = 1, 2, \cdots, K$），$P_k$ 为优先因子，是将决策目标按其重要程度排序并表示出来。对应于 K 个目标。如果将目标函数写成

$$\min Z = \sum_{k=1}^{K} P_k (d_k^- + d_k^+)$$

由优先因子 P_k 可知，当 $j > i$ 时，d_i 对目标函数的影响显然大于 d_j。这就在函数中体现了各目标的主次地位。当然，如果决策者认为在诸目标中某两个目标具有同等的重要性，可例外地令它们的优先因子相等。

12.2.2 目标规划的数学模型

$$\min Z = \sum_{k=1}^{K} P_k \left(\sum_{l=1}^{L} \omega_{kl}^{-} d_l^{-} + \omega_{kl}^{+} d_l^{+} \right)$$

$$
\begin{cases}
\sum_{j=1}^{n} c_{kj} x_j + d_l^{-} - d_l^{+} = q_l & (l = 1, 2, \cdots, L) \\
\sum_{j=1}^{n} a_{ij} x_j \leqslant (=, \geqslant) b_i & (i = 1, 2 \cdots, m) \\
x_j \geqslant 0 & (j = 1, 2, \cdots, n) \\
d_l^{+} \cdot d_l^{-} \geqslant 0 & (l = 1, 2, \cdots, L)
\end{cases}
$$

式中，x_j 为决策变量；P_k 为第 k 级优先因子；ω_{kl}^{+} 和 ω_{kl}^{-} 分别为第 l 个目标约束的正负偏差变量的权系数；q_l 为预期目标值；b_l 为系统资源量。

（1）目标值和偏差变量。

目标规划通过引入目标值和偏差变量，可以将目标函数转化为目标约束。

1）目标值：是指预先给定的某个目标的一个期望值。

2）实现值或决策值：是指当决策变量 x_j 选定以后，目标函数的对应值。

3）偏差变量（事先无法确定的未知数）：是指实现值和目标值之间的差异，记为 d。

4）正偏差变量：表示实现值超过目标值的部分，记为 d^{+}。

5）负偏差变量：表示实现值未达到目标值的部分，记为 d^{-}。

（2）目标约束和绝对约束。

引入了目标值和正、负偏差变量后，就对某一问题有了新的限制，即目标约束。

目标约束既可对原目标函数起作用，又可对原约束起作用。目标约束是目标规划中特有的，是软约束。

绝对约束（系统约束）是指必须严格满足的等式或不等式约束。如线性规划中的所有约束条件都是绝对约束，否则无可行解。所以，绝对约束是硬约束。

（3）达成函数（即目标规划中的目标函数）。

达成函数是一个使总偏差量为最小的目标函数，记为 $\min Z = f(d^{+}、d^{-})$。

一般说来，有以下三种情况，但只能出现其中之一：

1）要求恰好达到规定的目标值，即正、负偏差变量要尽可能小，则 $\min Z = f(d^{+} + d^{-})$。

2）要求不超过目标值，即允许达不到目标值，也就是正偏差变量尽可能小，则 $\min Z = f(d^{+})$。

3）要求超过目标值，即超过量不限，但不低于目标值，也就是负偏差变量尽可能小，则 $\min Z = f(d^-)$。

对于由绝对约束转化而来的目标函数，也照上述处理即可。

（4）优先因子（优先等级）与优先权系数。

优先因子 P_k 是将决策目标按其重要程度排序并表示出来。权系数 ω_k 区别具有相同优先因子的两个目标的差别，决策者可视具体情况而定。

（5）满意解（具有层次意义的解）。

对于这种解来说，前面的目标可以保证实现或部分实现，而后面的目标就不一定能保证实现或部分实现，有些可能就不能实现。

12. 2. 3　目标规划的建模步骤

上面通过例子说明了目标规划的一些概念和建立目标规划的过程。下面对目标规划的建模步骤归纳如下：

（1）根据要研究的问题所提出的各目标与条件，确定目标值，列出目标约束与绝对约束。

（2）可根据决策者的需要，将某些或全部绝对约束转化为目标约束。这时只需要给绝对约束加上负偏差变量和减去正偏差变量即可。

（3）给各目标赋予相应的优先因子 P_k（$k = 1, 2, \cdots, K$）。

（4）对同一优先等级中的各偏差变量，若需要可按其重要程度的不同，赋予相应的权系数 ω_{kl}^+ 和 ω_{kl}^-。

（5）根据决策者的要求，按下列情况之一构造一个由优先因子和权系数相对应的偏差变量组成的、要求实现极小化的目标函数，即达成函数。

1）恰好达到目标值，取 $d_l^+ + d_l^-$。

2）允许超过目标值，取 d_l^-。

3）不允许超过目标值，取 d_l^+。

12. 2. 4　目标规划求解方法

目标规划不是求一个目标的最小最大值，而是使一组具有优先顺序的在给定的决策环境中距离理想目标的偏差最小。所以目标规划问题总是求最小。目标规划的求解方法有图解法和单纯形法（可用计算机求解）。

12.2.4.1　图解法

图解法仅适用于两个变量的目标规划问题，但其操作简单，原理一目了然。同时，也有助于理解一般目标规划的求解原理和过程。

图解法解题步骤如下：

（1）确定各约束条件的可行域，即将所有约束条件（包括目标约束和绝对约束，暂不考虑正负偏差变量）在坐标平面上表示出来；

（2）在目标约束所代表的边界线上，用箭头标出正、负偏差变量值增大的方向；

（3）求满足最高优先等级目标的解；

（4）转到下一个优先等级的目标，在不破坏所有较高优先等级目标的前提下，求出该优先等级目标的解；

（5）重复步骤（4），直到所有优先等级的目标都已审查完毕为止；

（6）确定最优解和满意解。

[**例 12-3**] 已知一个生产计划的线性规划模型为

$$\max Z = 30x_1 + 12x_2$$

$$\begin{cases} 2x_1 + x_2 \leqslant 140 \\ x_1 \leqslant 60 \\ x_2 \leqslant 100 \\ x_1, \ x_2 \geqslant 0 \end{cases}$$

其中目标函数为总利润，x_1，x_2 为产品 A、B 产量。现有下列目标：

（1）要求总利润必须超过 2500 元；

（2）考虑产品受市场影响，为避免积压，A、B 的生产量不超过 60 件和 100 件；

（3）由于甲资源供应比较紧张，不要超过现有量 140。

试建立目标规划模型，并用图解法求解。

解：以产品 A、B 的单件利润比 2.5∶1 为权系数，模型如下：

$$\min Z = P_1 d_1^- + P_2(2.5d_3^+ + d_4^+) + P_3 d_2^+$$

$$\begin{cases} 30x_1 + 12x_2 + d_1^- - d_1^+ = 2500 \\ 2x_1 + x_2 + d_2^- - d_2^+ = 140 \\ x_1 + d_3^- - d_3^+ = 60 \\ x_2 + d_4^- - d_4^+ = 100 \\ x_1, \ x_2 \geqslant 0, \ d_l^+, \ d_l^- \geqslant 0 (l = 1, \ 2, \ 3, \ 4) \end{cases}$$

作图如图 12-1 所示。

结论：$C(60, 58.3)$ 为所求的满意解。

检验：将上述结果代入模型，因

$$d_1^+ = d_1^- = 0; \ d_3^+ = d_3^- = 0; \ d_2^- = 0$$

d_2^+ 存在；$d_4^+ = 0$，d_4^- 存在，所以有下式：

$$\min Z = P_3 d_2^+$$

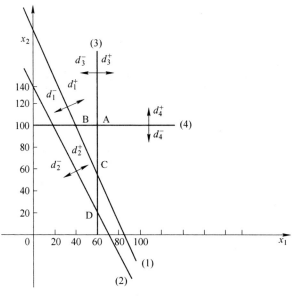

图 12-1　［例 12-3］的图解

将 $x_1 = 60$，$x_2 = 58.3$ 代入约束条件，得

$$30 \times 60 + 12 \times 58.3 = 2499.6 \approx 2500$$

$$2 \times 60 + 58.3 = 178.3 > 140$$

$$1 \times 60 = 60$$

$$1 \times 58.3 = 58.3 < 100$$

由上可知：若 A、B 的计划产量为 60 件和 58.3 件时，所需甲资源数量将超过现有库存。在现有条件下，此解为非可行解。为此，企业必须采取措施降低 A、B 产品对甲资源的消耗量，由原来的 100% 降至 78.5%（$140 \div 178.3 = 0.785$），才能使生产方案（60，58.3）成为可行方案。

12.2.4.2　用 Excel 求解目标规划

目标规划同样能够由 Excel 求得最优解，关键在于如何建立电子表格模型。

用 Excel 求解目标规划的步骤如下：

（1）在工作表中输入数据（决策变量的系数）。

（2）确定偏差变量、决策变量所在单元格。

（3）选择一个单元格输入公式计算目标函数的值。

（4）选择单元格输入公式计算每个约束条件左端的值。

（5）选择"工具"下拉菜单中"规划求解"进行求解。

13   网络计划技术

用网络分析方法编制的计划称为网络计划。网络分析技术，也称为网络计划技术。它是一种组织生产和进行计划管理的科学方法，是系统工程学的一个主要组成部分。

网络分析的基本内容是：分解、协调、整体优化。它是将拟定开发或改造的项目视为系统，并将该项目根据需要分解为一定数目的工作（活动、作业、工序或环节），对于组成项目的各项工作及其逻辑关系，通过网络图的形式予以反映；然后通过对整个系统进行全面规划和轻重缓急的协调，使系统对资源（包括有形资源和无形资源）得到合理的安排和有效的利用，达到以最少的资源消耗来完成整个系统的预定目标，取得最好的整体效果。网络分析技术解决问题的基本过程是：分析—分解—画图—计算—调整—优化。

国内外应用网络计划的实践表明，它具有一系列优点，特别适用于生产技术复杂、工作项目繁多且联系紧密的一些跨部门的工作计划，例如新产品的研制开发、大型工程项目、生产技术准备、设备大修等计划，还可以应用在人力、物力、财力等资源的安排，合理组织报表，文件流程等方面。

13.1   网络图的组成及绘制

13.1.1   网络图的类型

网络图是网络分析的基础，因其形状像网络而得名。根据不同的指标划分，网络图可以有不同的分类形式。不同类型的网络图，往往在绘图、计算和优化时具有不同的特点。

（1）单目标网络图与多目标网络图。根据任务追求目标的多少，可以把网络图分为单目标网络图与多目标网络图。如果任务只要求一个目标（如工期），则此任务的网络图就是单目标网络图；如果任务同时追求有两个或两个以上的目标（如工期、劳动力、原材料、费用等），则此任务的网络图就是多目标网络图。

（2）基层网络图、局部网络图和综合网络图。对于有多个施工单位参加施工的复杂工程对象，应绘制三种不同规模的网络图：基层网络按分部、分项工程编制，局部网络图按工程对象的一部分编制，综合网络图按单位工程或建筑群编制。从而，由若干基层网络图组成局部网络图，若干局部网络图组成综合网络图。

（3）总网络图（战略图）、分网络图（战术图）和具体网络图（战斗图）。根据不同的使用目的和对任务分解的粗细，可以把网络图分为总图、分图和具体图。总网络图的特点是：反映全面情况，项目分解得较粗，一般作为领导机关纵观全局、掌握总体情况、进行合理决策的工具；分网络图的特点是：反映详细情况，项目分解得较细，一般作为技术骨干、计划调度人员指挥用；具体网络图的特点是：反映详细且具体的情况，项目分解得更具体，详细到一道工序、一个人，甚至一个动作，一般作为基层直接组织和调度生产、掌握进度、解决具体问题用。

（4）有时间坐标的网络图与没有时间坐标的网络图。根据有无时间坐标，网络图可分为有时间坐标的网络图与没有时间坐标的网络图两种。有时间的坐标网络图是将网络图与时间进程结合起来，按一定的时间比例绘制的网络图，此图的特点是其上面或者下面常附设有工作日历标度的坐标系；没有时间坐标的网络图是不考虑工作所需时间多少，只按照一定规划绘制出的网络图，此图的特点是其中没有时间坐标系。

（5）箭线式网络图（双代号网络图）和结点式网络图（单代号网络图）。根据不同的绘图符号画出的网络图，可以有箭线式网络图和结点式网络图两种。

13.1.2 网络图的基本要素

构成网络图的基本要素有工序（工作）、事项、工时、目标。

（1）工序（工作）。工序又称活动、作业、工作，泛指一项需要经过一定时间后才能完成的具体活动的过程，需要消耗一定的资源。工作在网络图中用带箭头的箭线表示，即→，并且一个带箭头的箭线只表示一项工作。箭线所指的方向表示工作进行的方向；箭尾表示工作的开始，箭头表示工作的结束。一般情况下，在箭线的上方标明该工作的名称或代号。

在没有时间坐标的网络图中，箭线可以不按时间比例绘制；在有时间坐标的网络图中，箭线的位置、形状、长短与工作的时间参数有关，箭线必须按照时间比例绘制。

此外，在网络图中，还有一种称为"虚工作"的工作。它是虚设的，既不消耗资源和时间，又没有工作名称。虚工作一般表示为虚箭线，即--->。

虚箭线所代表的工作实际上是不存在的，只是为明确各工作之间逻辑关系的需要而设立的。

（2）事项。事项又称事件、结点、节点，是先后工序之间的衔接点（始点、终点除外），在网络图中一般用圆圈表示（即"○"），圆圈内通常填写事项的编号。

事项与工作不同，它既不消耗资源，又不占用时间；但含有时间的意义，即它具有工作起点时间的意义。

网络图中的第一个事项称为起始事项，它只表示整个任务的开始；而最后一个事项称为终止事项，它只表示整个任务的结束；介于起始事项和终止事项之间的所有事项都称为中间事项。任何一个中间事项都含有双重意义，它既表示前项工作的结束，又表示后项工作的开始。

（3）工时。工时又称工作时间、活动时间、作业时间、工序时间，是指完成一项工作所需要的时间。因为它是针对一项具体工作而言的，所以，对于工作(i, j)而言，工时用$t(i, j)$表示，在网络图中标在该工作箭线的下方（上方亦可）。

工时的单位可以采用小时（h）或天（d），也可以采用周或月，应根据实际情况选定。但需要注意，对于同一网络计划，时间单位要一致。

（4）目标。目标是为完成预定的任务所要求达到的数量指标。在一项任务中，要求达到的目标可能不止一个，但其个数与主次要依据任务的系统性能来确定。如农业机械的修理任务，要求做到时间短、质量好、花费少，在农忙时期往往以时间指标为关键目标，而在农闲时修理农业机械可以用后两项指标为关键指标。鉴于网络分析技术主要用来制定进度计划，因此，在绝大多数情况下，网络图是以完成任务的时限为目标的。在以时间为目标的网络图中，目标往往是通过终点事项的时间参数表示的。

13.1.3 网络图的线路与关键线路

在网络图中，线路是指从起始事项开始，沿着箭头所指的方向，连续不断地到达终止事项的一条通路，即网络图中的线路是由起始事项到终止事项的连续工作序列。例如，图 13-1 所示的网络图中，由起始事项到终止事项可以有三条通路，即上通路：*ACGJK*；中通路：*BDHK*；下通路：*BEFIL*。

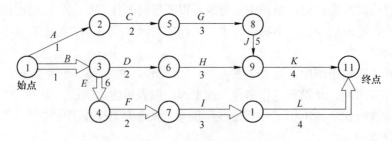

图 13-1　网络图

在网络图中，一条线路上各项工作工时的总和，称为这条线路的路长。例如在图 13-1 中，有

$$ACGJK \text{ 路长} = 1+2+3+5+4 = 15$$

$$BDHK \text{ 路长} = 1+2+3+4 = 10$$

$$BEFIL \text{ 路长} = 1+6+2+3+4 = 16$$

在网络图的所有线路中，路长最大的线路称为关键线路（也称临界线路、主要矛盾线路）。简言之，关键线路是各条线路中所需工时最多的线路。

关键线路在网络图中一般用红箭线或双箭线、粗箭线标出，以醒目易看，突出重点。如图 13-1 所示，因线路 BEFIL 的路长最大，所以它是关键线路，在图中用双箭线表示。

关键线路决定着整个工程的总工期。如果在这条线路上的工作有所耽误，则整个工程的工期就会拖延；相反，如果采取一定的技术组织措施来缩短这条线路的持续时间，工期就可以缩短，工程就可以提前完成。

需要指出，在一个网络图中，有时可能会出现好几条关键线路。此时，这样的工程项目在实施的组织管理中难度是比较大的。

13.1.4 网络图的编制

一般而言，网络图的编绘需要经过三个步骤，即任务的分解与分析、画网络图和事项编号。

13.1.4.1 任务的分解与分析

任何一个工程项目或生产任务，都是由很多项具体工作组成的。因此，要使一张网络图能正确地描述、表达一项计划，绘制网络图之前的首要工作就是对任务进行分解与分析。这一步应该做好的工作包括以下几项内容。

（1）将一项工程或生产任务根据需要分解为一定数目的工作。在对工程或任务进行分解时，最重要的内容要完整、全面，不能有遗漏。为了简化网络图，可以把几个小的工作合并为一个大的工作；同样，为了明确职责，对于一些容易发生问题或职责不清的工作，也可以再分解为几个小的工作。总之，分解需要从实际需要出发。

（2）分析并确定各个工作之间的先后衔接关系。对一个工作来说，与其他工作的逻辑关系通常有以下三种情形。

1）紧前工作：即本工作开始之前，必须先期完成的工作。

2）紧后工作：即本工作完成后，紧接着就开始的工作。

3）平行工作：即本工作实施时，可以与之同时进行的工作。

上述三种情况可以用图 13-2 加以直观解释。

在图 13-2 中，对于工作 F 来说，E 是它的紧前工作，G 是它的平行工作，H 是它的紧后工作。

在确定各项工作之间的先后衔接关系时，要符合生产的客观实际。

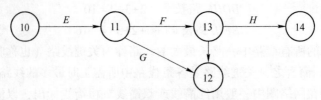

图 13-2 工作之间的 3 种衔接关系

（3）确定完成每项工作所需的必要时间——工时。

确定工时，是编制网络计划的重要一环，它直接关系到整个工程的工期，同时又是计算网络时间参数的基础和依据。因此，确定工时，既要切合实际，又要具有先进性。这样，才有助于调动各方面的积极性，使计划建立在扎实的基础上。确定工时通常有两种方法：单一时间估计法和三种时间估计法。

1）单一时间估计法。这种方法在确定各项工作的工时时，只确定一个时间值。这个值应不受工作的重要性和紧迫性的影响，主要根据完成该项工作的实际可能时间确定。在采用单一时间估计法确定工时时，应注意四点：一是估计工时时，要采用"完成该项工作可能性最大的时间"作为该项工作的工时，而不要以"该项工作绝对需要的时间"来确定；二是不要受工作重要性和合同规定期限的影响；三是要从现有生产技术条件出发，对于要求保证质量的某些关键性工作要考虑一定的返工因素。四是对于野外露天的工作，要考虑气候及地理环境条件等不稳定因素的影响。

2）三种时间估计法。这种方法对某项工作的工时做出三种可能的估计，然后再求其可能完成时间的平均值。

这三种时间值分别为：

①最乐观时间（optimistic time），表示在顺利情况下，完成该项工作可能出现的最短时间，以 t_o 表示。

②最可能时间（most probable time），表示在正常情况下，完成该项工作最可能出现的时间，以 t_m 表示。

③最保守时间（pessimistic time）：表示在极不利的情况下，完成该项工作可能出现的最长时间，以 t_p 表示。

对 $t(i, j)$ 的 3 种估计值 t_o，t_m，t_p，可按以下公式计算其均值（期望值）。

$$t = \frac{t_o + 4t_m + t_p}{6} \tag{13-1}$$

为反映这种估计的离散程度，可按下列公式计算其方差

$$\sigma^2 = \left(\frac{t_p - t_o}{6}\right)^2 \tag{13-2}$$

当 σ^2 的数值愈大时，表明这种估计离散程度愈大，均值 t 的代表性愈差；当

σ^2 的数值愈小时，表明这种估计离散程度愈小，均值 t 的代表性愈好。

事实上，工时 $t(i, j)$ 被看成是服从以公式（13-1）为均值、式（13-2）为方差的正态分布的随机变量。

（4）编制网络分析明细表。工程或任务经过分解、分析后，将工作名称或代号、先后衔接关系以及所需要时间进行调整并列出明细表。它是画网络图的主要依据。

例如，某国有农场拟对农业机械进行冬季检修，一机组根据自己承担的任务，通过分解与分析，对其结果进行归纳整理，即形成网络分析明细表，如表13-1所示。

表 13-1　工作明细表

工作代号	工作内容	紧前工作	估计日程/天	工作代号	工作内容	紧前工作	估计日程/天
A	拆卸	—	1.5-2-2.5	E	部件组装	D	1-4-7
B	清洗检查	A	4-5-6	F	电器检修安装	A	5-8-11
C	零件修理	B	2-3-4	G	总装试机	C, E, F	3-6-9
D	零件加工	B	1-4-7				

在编制明细表时，如果列出紧前工作，则紧后工作与平行工作就可略去；反之，如果列出紧后工作，则紧前工作与平行工作就可以略去。实际上，当给出紧前工作或紧后工作以后，其他关系就都蕴藏其中了。

13.1.4.2　画网络图

根据网络分析明细表所列出的各项工作及先后顺序，就可以画其网络图。

A　图规则

在画网络图时，必须遵循以下几条规则。

（1）网络图中不允许出现循环回路。在网络图中，如果从一个事项出发，顺着某些箭线又可回到原出发点，这就是循环回路。例如，图13-3就存在循环回路。

这种循环回路在网络图中是不允许出现的。

（2）箭线必须从一个事项开始，到另一个事项结束，其首尾都应该有事项。不允许从一条箭线的中间引出另一条箭线；同样，也不允许一条箭线指在另一条箭线的中间。

（3）两个相邻事项之间最多只能有一条箭线，如图13-4所示。

（4）网络图只能有一个起始事项（起点）和一个终止事项（终点）。因此，在画网络图时，应将没有紧前工作的所有工作都从起始事项引出，而将没有紧后

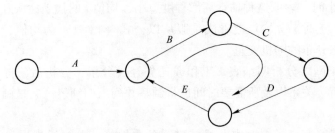

图 13-3 循环回路

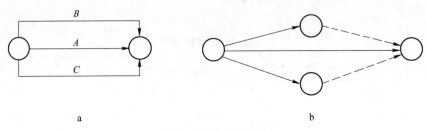

a

图 13-4 箭线的画法
a—错误画法；b—正确画法

工作的所有工作都引到终止事项。

（5）网络图应尽量避免箭线交叉。如果箭线必须交叉时，则应使用"暗桥"。如图 13-5 中的工作 E 与虚工作（3，6）的交叉处就用了"暗桥"。

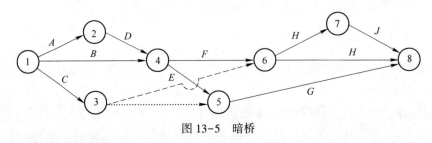

图 13-5 暗桥

（6）网络图中要合理地利用虚工作。

B 画图方法

画网络图可以按照以下几个步骤进行。

第一步，勾画草图。勾画草图通常有两种方法：前进法和后退法。

（1）前进法。这种方法适用于明细表中列出紧前工作的情况。其画法为：先把没有紧前工作的所有工作都从起始事项引出，在箭头处画上中间事项圈；再在已画的工作后画出紧前工作为次工作的各工作，并在箭头处画上事项圈……就这样从左到右依次进行，直到全部的工作都画出，并将后边再没有工作的所有工作都指在终止事项上。

（2）后退法。这种方法适用于明细表中列出紧后工作的情况。其画法为：从终止事项开始，先把没有紧后工作的所有工作都引至终止事项上，在箭尾处画上中间事项圈；再在已画的工作前画出紧后工作为此工作的各工作，并在箭尾处画上事项圈……就这样从右到左依次进行，直到全部的工作都画出，并将前边没有工作的所有工作都从起始事项上引出。

第二步，检查纠正。勾画好草图后，应认真检查草图所反映的各工作之间的关系与明细表中所列工作之间的关系是否完全一致，以及是否完全遵从画图规则。发现错误，立即纠正。

第三步，调整布局。对草图进行调整，尽可能消除不必要的箭线，并注意合理布局，尽量避免箭线交叉。而且应考虑把关键线路安排在图面中心位置，使整个网络图明晰整洁。

第四步，绘制正图。根据检查调整之后所得到的正确草图画出图面整洁、布局合理的网络图。

例如，对于表 13-1 所给出的网络分析明细表，可按上述步骤画出其网络图，如图 13-6 所示。

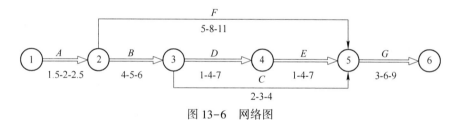

图 13-6　网络图

13.1.4.3　事项编号

为了便于认识、检查和计算，网络图中的事项要统一进行编号。

A　编号规划

在对事项进行编号时，应遵循以下三条规则：

（1）对于一条箭线来说，箭头事项的号一定要严格大于箭尾事项的号。

（2）一个事项只能编一个号，不允许给一个事项编多个号。

（3）一项工作的两个事项号，可以连续编，也可以有间隔地编。

B　编号方法

对事项编号时，可以采用定级编号法，一般分两步进行。

第一步，定级删线。首先把没有箭线射入的事项定为"Ⅰ"级，然后删去Ⅰ级事项所射出的全部箭线，并将没有箭线射入的事项定为"Ⅱ"；再删去Ⅱ级事项所射出的全部箭线，将没有箭线射入的事项定为"Ⅲ"级……依次继续下去，直到终止事项为止。

第二步，按级编号。从Ⅰ级事项开始，按级别顺序进行统一编号，同级事项间的编号可以不受先后次序的限制。

13.2 事项的时间参数

事项本身并不占用时间，它只表示某项工作应在某一时刻开始或结束。对箭尾事项来说，它表示以此事项为起始的各项工作的开始，因而存在最早可能开始的时间；对箭头事项来说，它表示以此事项为完结的各项工作的结束，因而存在最迟必须结束的时间。可见，事项的时间参数有：事项的最早开始时间、最迟结束时间以及二者的差值——事项的时差。

13.2.1 事项的最早开始时间

事项的最早开始时间，是指从该事项开始的各项工作最早能开工的时间。事项 i 的最早开始时间用 $t_E(i)$ 表示。

事项的最早开始时间是从网络图的起始事项算起，按照事项的编号顺序，由小到大，逐个计算，直到终止事项为止。一般地，指定网络起始事项的最早开始时间为零，即

$$t_E(1) = 0 \qquad (13-3)$$

其他事项的最早开始时间

$$t_E(j) = \max\{t_E(i) + t(i, j)\} \quad (j = 2, 3, \cdots, n) \qquad (13-4)$$

即其他事项的最早开始时间都是相对于起始事项在零时刻开始的时间。

事项的最早开始时间算出后，写在网络图上该事项的上方或下方，用"□"框起来，如图 13-7 所示。

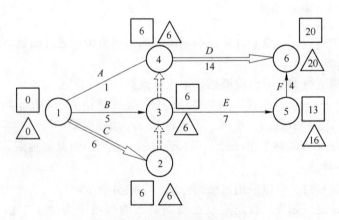

图 13-7 事项的时间参数计算

各事项的最早开始时间的计算过程如下

$t_E(1) = 0$

$t_E(2) = t_E(1) + t(1, 2) = 0 + 6 = 6$

$t_E(3) = \max\{t_E(1) + t(1, 3),\ t_E(2) + t(2, 3)\} = \max\{0 + 5,\ 6 + 0\} = 6$

$t_E(4) = \max\{t_E(1) + t(1, 4),\ t_E(3) + t(3, 4)\} = \max\{0 + 1,\ 6 + 0\} = 6$

$t_E(5) = t_E(3) + t(3, 5) = 6 + 7 = 13$

$t_E(6) = \max\{t_E(1) + t(4, 6),\ t_E(5) + t(5, 6)\} = \max\{6 + 14,\ 13 + 4\} = 20$

这些时间参数在网络图上的标记如图 13-8 所示。

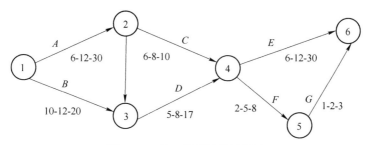

图 13-8　某工程项目的网络图

从此例可以看出，当射入箭头事项 j 的箭线只有一条时，$t_E(j)$ 就等于相关的箭尾事项 i 的最早开始时间 $t_E(i)$ 加上该工作的工时 $t(i, j)$；当射入箭头事项 j 的箭线有多条时，就先将每一箭线箭尾事项的最早开始时间 $t_E(i)$，加上相应的工作的工时 $t(i, j)$ 算出，然后取其中最大值作为要求的 $t_E(j)$。

13.2.2 事项的最迟结束时间

事项的最迟结束时间，是指在不拖延总工期的前提下，以该事项为结束的各项工作最迟必须完成的时间。事项 i 的最迟结束时间用 $t_L(i)$ 表示。

事项的最迟结束时间是从网络图的终止事项算起，按照事项编号的逆序，由大到小，逐个计算，直到起始事项为止。因为网络图的终止事项无后续工作，而且事项本身又不占时间，所以网络图的终止事项的最迟结束时间与它的最早开始时间应该相等，即

$$t_L(n) = t_E(n) \tag{13-5}$$

如果对某项工程或任务有规定的完成时间要求时，终止事项的最迟结束时间应取这个时间值——规定的目标工期。

其他事项的最迟结束时间为

$$t_L(i) = \min\{t_L(j) - t(i, j)\} \quad (i = n-1,\ n-2,\ \cdots,\ 3,\ 2,\ 1) \tag{13-6}$$

事项的最迟结束时间算出后，写在网络图上该事项最早开始时间"□"右侧的近旁，用"△"框起来。

例如，对于图 13-8 所示的网络图，各事项最迟结束时间的计算过程如下

$t_L(6) = t_E(6) = 20$

$t_L(5) = t_L(6) - t(5, 6) = 20 - 4 = 16$

$t_L(4) = t_L(6) - t(4, 6) = 20 - 14 = 6$

$t_L(3) = \min\{t_L(5) - t(3, 5), t_L(4) - t(3, 4)\} = \min\{16 - 7, 6 - 0\} = 6$

$t_L(2) = t_L(3) - t(2, 3) = 6 - 0 = 6$

$t_L(1) = \min\{t_L(4) - t(1, 4), t_L(3) - t(1, 3), t_L(2) - t(1, 2)\}$

$\qquad = \min\{6 - 1, 6 - 5, 6 - 6\} = 0$

这些时间参数在网络图上的标记如图 13-8 所示。

从此例可以看出，当从箭尾事项 i 所射出的箭线只有一条时，$t_L(i)$ 就等于相关的箭头事项 j 的最迟结束时间 $t_L(j)$ 减去相应工作的工时 $t(i, j)$；当从箭尾事项 i 射出的箭线有多条时，就先将每一箭线箭头事项 j 的最迟结束时间 $t_L(j)$ 减去相应工作的工时 $t(i, j)$ 算出，然后取其中最小值作为要求的 $t_L(i)$。

13.2.3 事项的时差

事项的时差又称事项的机动时间、事项的宽裕时间，是指在不影响总工期按时完成时该事项可以推迟的最大机动时间。它的计算公式为

$$\Delta t(i) = t_L(i) - t_E(i) \qquad (13-7)$$

事项的时差实际上是用来反映这个事项有多大的机动时间可供利用，时差愈大，说明该事项可供利用的时间潜力愈大，否则愈小。

特别地，时差为零的事项称为关键事项。例如，对于图 13-7 的网络图，各事项的时差计算过程为

$$\Delta t(1) = t_L(1) - t_E(1) = 0 - 0 = 0$$

$$\Delta t(2) = t_L(2) - t_E(2) = 6 - 6 = 0$$

$$\Delta t(3) = t_L(3) - t_E(3) = 6 - 6 = 0$$

$$\Delta t(4) = t_L(4) - t_E(4) = 6 - 6 = 0$$

$$\Delta t(5) = t_L(5) - t_E(5) = 16 - 13 = 3$$

$$\Delta t(6) = t_L(6) - t_E(6) = 20 - 20 = 0$$

事项的时差一般不标在网络图上。

13.2.4 利用事项的时间参数来确定关键线路

根据前面给出的关键线路的概念，把网络图的所有线路的路长都计算出来，找到最大路长所对应的线路，即为要找的关键线路。这种确定关键线路的方法称为穷举法，是确定关键线路的第一种方法。下面要介绍的确定关键线路的第二种

方法是利用事项的时间参数来确定。

连接关键事项的工作若满足条件

$$t_E(j) - t_E(i) = t_L(j) - t_L(i) = t(i, j) \tag{13-8}$$

则由此所形成的线路就是关键线路。

例如，对于图 13-7 的网络图，采用此法即可找到欲求的关键线路，即图中的双箭线。

13.3 工作的时间参数

工作的时间参数，通常指工作的最早开始时间、最早结束时间、最迟开始时间、最迟结束时间，以及工作的总时差和单时差等。

（1）工作的最早开始时间。工作 (i, j) 的最早开始时间是指该工作的紧前各工作均完工后即开始的时间，用 $t_{ES}(i, j)$ 表示。

工作的最早开始时间，在网络图上是从左向右，逐项工作依次进行计算的。通常指定与网络图起始事项相连接的各工作的最早开始时间等于零，即

$$t_{ES}(1, j) = 0 \tag{13-9}$$

其他工作的最早开始时间实际上是该工作箭尾事项的最早时间，即

$$t_{ES}(i, j) = t_E(i) \tag{13-10}$$

式（13-10）揭示了工作最早开始时间与事项最早开始时间的内在联系。

（2）工作的最早结束时间。工作 (i, j) 的最早结束时间是指该工作最早可能完工的时间，用 $t_{EF}(i, j)$ 表示，其计算公式为

$$t_{EF}(i, j) = t_E(i) + t(i, j) \tag{13-11}$$

网络的总工期 T_E 应等于与终止事项相连接的各项工作的最早结束时间的最大值，即

$$T_E = \max\{t_{EF}(i, n)\} = t_E(n)$$

工作的最早结束时间一般不标在网络图上。

（3）工作的最迟开始时间。工作 (i, j) 的最迟开始时间是指该工作在不影响总工期按时完工时，最迟必须开工的时间，用 $t_{LS}(i, j)$ 表示。

工作的最迟开始时间，在网络图上是从右向左，逐项工作依次进行计算的。通常指定为网络图终止事项相连接的各项工作的最迟开始时间，等于总工期减去该工作的工时，即

$$t_{LS}(i, n) = T_E - t(i, n) \tag{13-12}$$

其他工作的最迟开始时间是以该工作箭头事项为箭尾事项的最迟开始时间减去该工作的时间，而以该工作的箭头事项为箭尾事项的工作的最迟开始时间就是该工作箭头事项的最迟时间，由此，其他工作的最迟开始时间计算为

$$t_{LS}(i, j) = t_L(j) - t(i, j) \tag{13-13}$$

(4) 工作的最迟结束时间。工作 (i, j) 的最迟结束时间是指该工作在不影响总工期按时完成时，最迟应该完工的时间，用 $t_{LF}(i, j)$ 表示。

工作的最迟结束时间应该保证总工期按时完成，具体讲应该保证使箭头事项的最迟时间不能迟于要求的时间。故工作的最迟结束时间就是其箭头事项的最迟时间，即

$$t_{LF}(i, n) = T_E$$

(5) 工作的总时差。工作 (i, j) 的总时差又称工作的总机动时间、工作的总宽裕时间，它是指该工作的不影响总工期的情况下，可推迟开工或完工的最大机动时间，用 $\Delta t(i, j)$ 表示，它的计算公式为

$$\Delta t(i, j) = t_{LS}(i, j) - t_{ES}(i, j) = t_{LF}(i, j) - t_{EF}(i, j)$$
$$= t_L(j) - t_E(i) - t(i, j) \tag{13-14}$$

工作的总时差实际上给出了该工作可供利用的最多机动时间。但需要注意，该工作的机动时间能利用多少，还取决于紧前工作和紧后工作对各自总时差的利用情况。

特别地，称总时差为零的工作为关键工作，而连接所有关键工作所形成的线路即为关键线路。这是关键线路的第三种确定方法。

(6) 工作的单时差。工作 (i, j) 的单时差又称工作的自有机动时间、工作的自有宽裕时间、工作的独立时差、工作的专用时差，它是指该工作在其紧前工作按最迟结束时间完工，紧后工作按最早开始时间开工情况下所具有的机动时间，用 $\Delta t_F(i, j)$ 表示，它的计算公式为

$$\Delta t_F(i, j) = t_E(i) - t_E(i) - t(i, j) \tag{13-15}$$

亦即箭头最早时间和箭尾事项最迟时间之差再减去工作时间。需要注意的是，关键工作的单时差等于零，但单时差为零的工作不一定是关键工作。

单时差是该工作所独有的，只能在本工作中加以利用，不能转让给其他工作使用。一项工作要利用时差，首先应利用单时差，不足时再考虑利用总时差中的其他部分。

(7) 三种时差之间的关系。由于

$$\Delta t(i, j) = t_L(j) - t_E(i) - t(i, j)$$
$$\Delta t_F(i, j) = t_E(j) - t_L(i) - t(i, j)$$
$$\Delta t(i) = t_L(i) - t_E(i)$$
$$\Delta t(j) = t_L(j) - t_E(j)$$

所以

$$\Delta t(i, j) = \Delta t(i) + \Delta t(j) + \Delta t_F(i, j) \tag{13-16}$$

这就是说，工作的总时差等于它的箭尾事项和箭头事项的时差之和，再加上其本身的单时差。

13.4 规定总工期的概率评价

当网络分析所编制的是属于非肯定型网络计划时，组成网络图各项工作的工

时就具有较大的随机性。前面已经述及，这里就认为每项工作的工时 $t(i, j)$ 服从以 t 为均值、$\sigma^2(i, j)$ 为方差的正态分布。

由于各项工作的工时是相互独立且服从同分布（正态分布）的随机变量，则根据概率论的中心极限定理可知，由某条关键线路上各关键工作实际工时之和组成的总工期 T_E 可以被认为是服从以

$$\overline{T}_E = \sum_{CP} \overline{t}(i, j) \qquad (13-17)$$

为均值，以

$$\sigma^2 = \sum_{CP} \sigma^2(i, j) \qquad (13-18)$$

为方差的正态分布的随机变量，即

$$T_E \sim N(\overline{T}_E, \sigma^2) \qquad (13-19)$$

若关键线路上的工作越多，这种服从就越充分。

在计算任务按期完工的概率时，为了便于查表，需要将一般正态分布 $N(\overline{T}_E, \sigma^2)$ 转化为标准正态分布 $N(0, 1)$，从而引进概率系数 Z，有

$$Z = \frac{T_E - \overline{T}_E}{\sigma} \sim N(0, 1) \qquad (13-20)$$

式中，T_E 表示规定的总工期，即关键线路上各关键工作实际工时的总和；σ 表示关键线路路长的方差根。如果一网络图有多条关键线路，则取其中的最大方差根作为 σ。

规定总工期往往是给定的。当给定总工期 T_E 以后，就可由式（13-20）计算出 Z 值，然后根据此值查正态分布表，求得按规定总工期 T_E 完工的概率。

另一方面，实际中若给出一个按期完工的概率，这时可由正态分布表查得概率系数 Z，然后由

$$T_E = \overline{T}_E + Z\sigma \qquad (13-21)$$

就可算出在此概率要求下的总工期 T_E。

[**例 13-1**] 某工程项目的网络图如图 13-8 所示。

求：（1）该项目在 31 天内完工的可能性（概率）；

（2）如果完工的可能性（概率）要求达到 98.2%，工期应规定为多少时间？

解：首先计算工时的均值与方差，如表 13-2 所示；其次，计算事项的时间参数，确定关键线路，如图 13-9 所示。

由图 13-9 可知，$\overline{T}_E = 37$ 天。由

$$\sigma^2 = \sum_{CP} \sigma^2(i, j) = \sigma^2(1, 2) + \sigma^2(3, 4) + \sigma^2(4, 6) = 16+4+16 = 36$$

得到

$$\sigma = 6$$

表 13-2 工时的均值与方差

工作代号	t_o	t_m	t_p	工时均值	方差
A	6	12	30	14	16
B	10	12	20	13	25/9
C	6	8	10	8	4/9
D	5	8	17	9	4
E	6	12	30	14	16
F	2	5	8	5	1
G	1	2	3	2	1/9

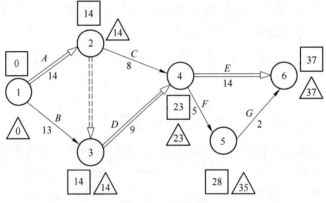

图 13-9 网络图

（1）由题意可知，$T_E = 31$ 天，从而由式（13-14）有 $Z = (31-37)/6 = -1$，查正态分布表有 $P(-1) = 0.1587$，即此工程在 31 天内完工的概率为 0.1587，就是说 31 天完工的可能性只有 15.87%。

（2）因题意要求，$P(2) = 98.2\% = 0.9820$，再查正态分布表，得 $Z \approx 2.10$，从而有 $T_E = \overline{T}_E + Z\sigma = 37 + 2.1 \times 6 = 49.6$ 天，即此工程要按 98.2% 的概率完工，则应规定总工期为 49.6 天。

为了比较任务完成的难易程度，应对所求得的概率进行评价，可参考表13-3予以评定。

表 13-3 任务完成概率

概率/%	任务完成难易程度评价	概率/%	任务完成难易程度评价
0~4	极难	50~84	容易
5~14	困难	85~94	更易
15~49	较难	95~100	极易

13.5 网络图的调整与优化

在网络分析中，工期与费用的优化也是一个重要问题。它是运用网络分析原理，综合考虑工期与成本的相互关系，寻求以最低的总成本获得最短总工期的一种科学方法。

要完成一项工程或任务，需要支出一定的费用。这些费用按其计入成本的方式，可以分为直接费用和间接费用两大类。直接费用是指直接计入工程或任务项目成本的费用；而间接费用是指不能或不宜直接计入，需要按照一定的标准或比例分摊后，间接计入工程或任务项目成本的费用。

一般来说，直接费用是随着各工作工时的变化而改变的，其变化关系如图 13-10 所示。

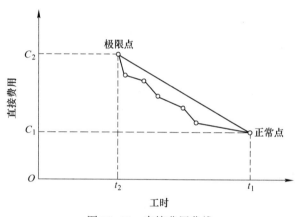

图 13-10 直接费用曲线

在图 13-10 中，曲线有两个端点，一个为正常点，另一个为极限点。当直接费用减少到一定程度时，工时即使再延长，直接费用也不可能再减少，这时的直接费用称为正常费用，以 C 表示，对应于正常费用的工时称为正常时间，以 t_1 表示；反之，当工时缩短到一定程度时，直接费用即使再增加，工时也不能再缩短，这时的工时称为极限时间（也称为应急时间、赶工时间），以 t 表示，对应于极限时间的直接费用，称为极限费用（也称为应急费用、赶工费用），以 C_2 表示。为简化分析与计算，通常假定直接费用与工时的关系为线性关系，即正常点与极限点之间为一直线；该直线的斜率就是直接费用变动率，即工时变动一个单位时直接费用改变的量值。其计算公式为

$$e = \frac{C_2 - C_1}{t_1 - t_2} \tag{13-22}$$

但是，间接费用与各工作没有直接关系，而只与工期的长短有关。一般地，它随着工期的延长而呈线性增长。通常称工期延长一个单位间接费用的增加值为

间接费用变动率，用 f 表示。

综上所述，工期—费用优化的方法是：先对全部工作取正常工时，并计算出网络的工期和相应的总费用。以此为基础，逐次压缩直接费用变动率 e 比间接费用变动率 f 小的关键工作的工时（以不超过极限时间为限）。在具体压缩时，应遵循以下几条原则。

（1）优先压缩关键路线上 e 最小的工作的工时，达到以增加最少的直接费来缩短工期。

（2）当工期不断压缩，出现数条关键线路时，若继续压缩工期，就需要同时缩短这数条关键线路，否则就不可能达到目的。

（3）在选择压缩某工作的工时时，既要满足工期费用关系的要求，又要考虑网络中与该工作并列的其他工作的限制。因此，一方案的压缩天数 S 可由下式确定

$S=\min$ ｛压缩工作及与之平行的关键工作的现工时-极限时间，压缩工作的总时差｝

（4）强调用总费用寻找最佳点，即每压缩 1 天，都要计算出工作或任务的总费用。

[例 13-2] 某工程的网络图如图 13-11 所示，其工作的耗时、费用由表 13-4 给出，寻求工期最短、费用最少的合理方案。

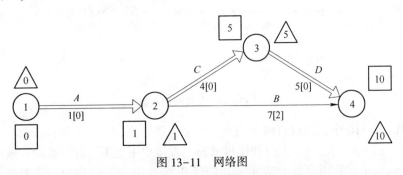

图 13-11 网络图

表 13-4 工程消耗资源情况

工作	耗时/天		直接费用/千元			间接费用变动率 /千元·天⁻¹
	正常	极限	正常	极限	变动率	
A	1	1	18	18	—	
B	7	3	15	19	1	4.5
C	4	2	12	20	4	
D	5	2	8	14	2	

依据资料，该工程按正常工时计算，需要耗时 10 天才能完工，其总费用为

总费用=（18+15+1258）+4.5×10=98（千元）

对于关键线路 ACD，工作 A 不能压缩，而工作 C 与 D 的直接费用变动率，D 的为最小，且小于间接费用变动率 f。因此，先压短工作 D。因为

$$S = \min\{t(3,4) - t_2(3,4), \Delta t(2,4)\} = \min\{5-2, 2\} = 2$$

式中，$t_2(i, j)$ 为 (i, j) 的极限时间。

所以，压缩工作 D 2 天后，其结果见图 13-12，有

总费用 = （18+15+12+8）+2×2+4.5×8=93（千元）

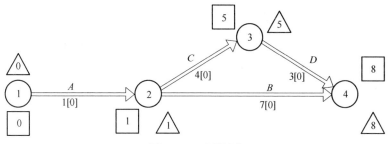

图 13-12 网络图

此时出现了两条关键线路。对于这两条关键线路，若再缩短工期，有两种方案可供选择，（1）缩短工作 C 和 B，压缩 1 天就需直接费用 4+1=5（千元）；（2）缩短工作 D 和 B，压缩 1 天所需直接费用 2+1=3（千元）。可以看出，压缩 D 和 B 各 1 天，所需直接费用小于间接费用变动率 f，故采取这一压缩方案。因为 $S= \min\{t(2,4) - t_2(2,4), t(3,4) - t_2(3,4)\} = \min\{7-3, 3-2\}$ 所以压缩 D 和 B 各 1 天后，其结果见图 13-13，有

总费用=（18+15+12+8）+（2×2+1×3）+4.5×7=91.5（千元）

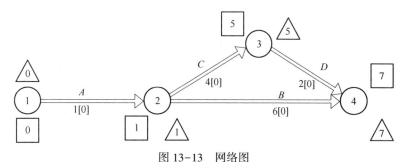

图 13-13 网络图

最后，只有工作 C 和 B 可以压缩。但由于压缩工作 C 和 B 各一天所需直接费用大于间接费用变动率 f，因此要压缩它们，将会导致总费用的增加。这说明，该工程以 7 天完工，总费用才能最低。

寻找工期最短、费用最少的合理方案，需要做大量烦琐的分析、计算，一般需要应用计算机完成分析、计算任务。

14　系统动力学方法

14.1　系统动力学发展历程

第二次世界大战以后，随着工业化的进程，某些国家的社会问题日趋严重，例如城市人口剧增、失业、环境污染、资源枯竭。这些问题范围广泛，关系复杂，因素众多，具有如下三个特点：各问题之间有密切的关联，而且往往存在矛盾的关系，例如经济增长与环境保护等。许多问题如投资效果、环境污染、信息传递等，有较长的延迟，因此处理问题必须从动态而不是静态的角度出发。许多问题中既存在如经济量那样的定量的东西，又存在如价值观念等偏于定性的东西。这就给问题的处理带来很大的困难。

新的问题迫切需要有新的方法来处理；另一方面，在技术上由于电子计算机技术的突破使得新的方法有了产生的可能。于是系统动力学便应运而生。

系统动力学是在 20 世纪 50 年代末由美国麻省理工学院史隆管理学院教授福雷斯特（JAY. W. FORRESTER）提出来的。福雷斯特教授及其助手运用系统动力学方法对全球问题、城市发展和企业管理等领域进行了卓有成效的研究，接连发表了《工业动力学》《城市动力学》《世界动力学》《增长的极限》等著作，引起了世界各国政府和科学家的普遍关注。

系统动力学的发展过程大致可分为三个阶段：

（1）系统动力学的诞生——20 世纪 50 ~ 60 年代。由于 SD 这种方法早期研究对象是以企业为中心的工业系统，初名也就叫工业动力学。这阶段主要是以福雷斯特教授在哈佛商业评论发表的《工业动力学》作为奠基之作，之后他又讲述了系统动力学的方法论和原理，系统产生动态行为的基本原理。后来，以福雷斯特教授对城市的兴衰问题进行深入的研究，提出了城市模型。

（2）系统动力学发展成熟——20 世纪 70 ~ 80 年代。这阶段主要的标准性成果是系统动力学世界模型与美国国家模型的研究成功。这两个模型的研究成功地解决了困扰经济学界长波问题，因此吸引了世界范围内学者的关注，促进它在世界范围内的传播与发展，确立了在社会经济问题研究中的学科地位。

（3）系统动力学广泛运用与传播——20 世纪 90 年代至今。在这一阶段，SD在世界范围内得到广泛的传播，其应用范围更广泛，并且获得新的发展。系统动力学正加强与控制理论、系统科学、突变理论、耗散结构与分叉、结构稳定性分析、灵敏度分析、统计分析、参数估计、最优化技术应用、类属结构研究、专家系统等方面的联系。许多学者纷纷采用系统动力学方法来研究各自的社会经济问题，涉及经济、能源、交通、环境、生态、生物、医学、工业、城市等广泛的领域。

20世纪70年代末系统动力学引入我国，其中杨通谊、王其藩、许庆瑞、陶在朴、胡玉奎等专家学者是先驱和积极倡导者。四十多年来，系统动力学研究和应用在我国取得飞跃发展。我国成立国内系统动力学学会，国际系统动力学学会中国分会，主持了多次国际系统动力学大会和有关会议。

目前我国SD学者和研究人员在区域和城市规划、企业管理、产业研究、科技管理、生态环保、海洋经济等应用研究领域都取得了巨大的成绩。

14.2 系统动力学的原理

系统动力学是一门分析研究信息反馈系统的学科。它是系统科学中的一个分支，是跨越自然科学和社会科学的横向学科。

系统动力学基于系统论，吸收控制论、信息论的精髓，是一门认识系统问题和解决系统问题交叉、综合性的新学科。

从系统方法论来说，系统动力学的方法是结构方法、功能方法和历史方法的统一。

系统动力学是在系统论的基础上发展起来的，因此它包含着系统论的思想。系统动力学是以系统的结构决定着系统行为前提条件而展开研究的。它认为存在系统内的众多变量在它们相互作用的反馈环里有因果联系。反馈之间有系统的相互联系，构成了该系统的结构，而正是这个结构成为系统行为的根本性决定因素。

人们在求解问题时都是想获得较优的解决方案，能够得到较优的结果。所以系统动力学解决问题的过程实质上也是寻优过程，来获得较优的系统功能。系统动力学强调系统的结构并从系统结构角度来分析系统的功能和行为，系统的结构决定了系统的行为。因此系统动力学是通过寻找系统的较优结构，来获得较优的系统行为。

系统动力学怎样寻找较优的结构？

系统动力学把系统看成一个具有多重信息因果反馈机制。因此系统动力学在经过剖析系统，获得深刻、丰富的信息之后建立起系统的因果关系反馈图，之后再转变为系统流图，建立系统动力学模型。最后通过仿真语言和仿真软件对系统动力学模型进行计算机模拟，来完成对真实系统的结构进行仿真。

通过上述过程完成了对系统结构的仿真，接下来就要寻找较优的系统结构。

寻找较优的系统结构被称作为政策分析或优化，包括参数优化、结构优化、边界优化。参数优化就是通过改变其中几个比较敏感参数来改变系统结构来寻找较优的系统行为。结构优化是指主要增加或减少模型中的水平变量、速率变量来改变系统结构来获得较优的系统行为。边界优化是指系统边界及边界条件发生变化时引起系统结构变化来获得较优的系统行为。

系统动力学就是通过计算机仿真技术来对系统结构进行仿真，寻找系统的较优结构，以求得较优的系统行为。

系统动力学原理总结：系统动力学把系统的行为模式看成是由系统内部的信息反馈机制决定的。通过建立系统动力学模型，利用 DYNAMO 仿真语言和 Vensim 软件在计算机上实现对真实系统的仿真，可以研究系统的结构、功能和行为之间的动态关系，以便寻求较优的系统结构和功能。

14.3　系统动力学基本概念

本节主要是介绍系统动力学中一些比较重要的概念，以便后面的案例分析。

（1）系统与反馈：

1）系统：一个由相互区别、相互作用的各部分（即单元或要素）有机地联结在一起，为同一目的完成某种功能的集合体。

2）反馈：系统内同一单元或同一子块其输出与输入间的关系。对整个系统而言，"反馈"则指系统输出与来自外部环境的输入的关系。

3）反馈系统：反馈系统就是包含有反馈环节与其作用的系统。它要受系统本身的历史行为的影响，把历史行为的后果回授给系统本身，以影响未来的行为。如库存订货控制系统。如图 14-1 所示。

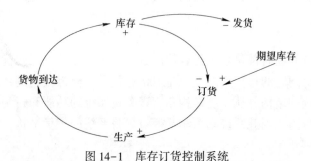

图 14-1　库存订货控制系统

4）反馈回路：反馈回路就是由一系列的因果与相互作用链组成的闭合回路或者说是由信息与动作构成的闭合路径。

（2）因果回路图（CLD）：表示系统反馈结构的重要工具，因果图包含多个变量，变量之间由标出因果关系的箭头所连接。变量是由因果链所联系，因果链由箭头所表示。

1）因果链极性：每条因果链都具有极性，或者为正（+）或者为负（-）。

极性是指当箭尾端变量变化时，箭头端变量会如何变化。极性为正是指两个变量的变化趋势相同，极性为负指两个变量的变化趋势相反。

2）反馈回路的极性：反馈回路的极性取决于回路中各因果链符号。回路极性也分为正反馈和负反馈，正反馈回路的作用是使回路中变量的偏离增强，而负反馈回路则力图控制回路的变量趋于稳定。

（3）确定回路极性的方法。

若反馈回路包含偶数个负的因果链，则其极性为正；

若反馈回路包含奇数个负的因果链，则其极性为负。

（4）系统流图：表示反馈回路中的各水平变量和各速率变量相互联系形式及反馈系统中各回路之间互连关系的图示模型。

1）水平变量：也被称作状态变量或流量，代表事物（包括物质和非物质的）的积累。其数值大小是表示某一系统变量在某一特定时刻的状况。可以说是系统过去累积的结果，它是流入率与流出率的净差额。它必须由速率变量的作用才能由某一个数值状态改变另一数值状态。

2）速率变量：又称变化率，随着时间的推移，使水平变量的值增加或减少。速率变量表示某个水平变量变化的快慢。

3）水平变量和速率变量的符号标识（见图14-2）：

水平变量用矩形表示，具体符号中应包括有描述输入与输出流速率的流线、变量名称等。

速率变量用阀门符号表示，应包括变量名称、速率变量控制的流的流线和其所依赖的信息输入量。

图14-2　水平变量和速率变量符号标识

4）延迟：延迟现象在系统内无处不在。如货物需要运输，决策需要时间。延迟会对系统的行为产生很大的影响，因此必须要刻画延迟机制。延迟包括物质延迟与信息延迟。系统动力学通过延迟函数来刻画延迟现象。如物质延迟中DELAY1，DELAY3函数；信息延迟的DLINF3函数。

5）平滑：平滑是指从信息中排除随机因素，找出事物的真实的趋势，如一般决策者不会直接根据销售信息制定决策，而是对销售信息求出一段时间内的平均值。系统动力学提供SMOOTH函数来表示平滑。

系统动力学一个突出的优点在于它能处理高阶次、非线性、多重反馈复杂时变系统的问题。

（1）高阶次：系统阶数在四阶或五阶以上者称为高阶次系统。典型的社会一经济系统的系统动力学模型阶数则约在十至数百之间。如美国国家模型的阶数在两百以上。

（2）多重回路：复杂系统内部相互作用的回路数目一般在三个或四个以上。诸回路中通常存在一个或一个以上起主导作用的回路，称为主回路。主回路的性质主要决定了系统内部反馈结构的性质及其相应的系统动态行为的特性，而且，主回路并非固定不变，它们往往在诸回路之间随时间而转移，结果导致变化多端的系统动态行为。

（3）非线性：线性指量与量之间按比例、成直线的关系，在空间和时间上代表规则和光滑的运动；而非线性则指不按比例、不成直线的关系，代表不规则的运动和突变。线性关系是互不相干的独立关系，而非线性则是相互作用，而正是这种相互作用，使得整体不再是简单地等于部分之和，而可能出现不同于"线性叠加"的增益或亏损。实际生活中的过程与系统几乎毫无例外地带有非线性的特征。正是这些非线性关系的耦合导致主回路转移，系统表现出多变的动态行为。

14.4　系统动力学分析问题的步骤

通过第二节对系统动力学原理的分析，可以知道系统动力学是通过模拟系统结构，寻找较优的系统结构来获得较优的系统行为。系统动力学通过分析系统的问题，剖析系统获得丰富的系统信息，从而建立系统内部信息反馈机制，最后通过仿真软件来实现对系统结构的模拟，进行政策优化来达到寻找较优的系统功能。

因此通过上述系统动力学原理，就可以知道系统动力学分析问题的步骤（见图14-3）：

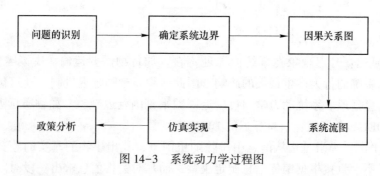

图14-3　系统动力学过程图

（1）问题的识别。

（2）确定系统边界，即系统分析涉及的对象和范围。

（3）建立因果关系图和流程图。

（4）写出系统动力学方程。

（5）进行仿真试验和计算等（Vensim 软件）。

（6）比较与评价、政策分析。寻找最优的系统行为。

14.5 系统动力学实际案例

前面已经介绍了系统动力学原理和分析问题的过程，这节主要通过案例来详细讲解系统动力学的应用。

14.5.1 企业成长与投资不足案例

案例背景：S 公司是一家高科技公司，因为有一项能产业化的科技创新成果而创业，且一开始便以流星般的速度成长。因为销售业绩太好，以致积欠交货的订单在第 2 年就开始越积越多，于是管理层决定扩大产量，但是这需要时间；与此同时使原先对顾客允诺的交货期一再拖延，但领导层认为，企业的产品功能是无法替代，顾客能够接受交货期的延长。同时为了继续能使公司发展增长，他们将收入的大部分直接投入营销，到第 3 年公司销售人员增加了一倍。但是，到了第 3 年年末开始出现困境，而第 4 年销售业绩出现危机。虽然企业雇用了更多的销售人员和新装置，但是销售速度反而下滑。于是企业的注意力又是集中营销：提高销售奖额、增加特别折扣和新的促销广告，跟着情况一时好转，但是很快困境再度出现；于是再进一步加强营销，如此循环的变化形态，虽然有小幅度而间歇性的成长，但是企业从来没发挥它真正的潜力。

问题分析：公司开始成长十分迅速，但后面成长逐渐慢下来达到困境。之后采取强化措施，有几次周期性的改善，但是公司整体仍趋于恶化。不过市场对公司产品需求仍然很强劲，而且没什么重大的竞争对手，那么为什么出现这种振荡试发展？怎样才能改善公司的成长，使得以指数方式增长。

系统边界的确定：划定系统边界应根据建模目的，把那些与所研究的问题关系密切的重要变量划入系统边界内。在此案例中，我们主要关注企业成长问题，研究影响企业营业收入的因素。根据案例介绍因此我们将仅仅研究企业的生产、市场、销售部门。不涉及其他部门，竞争对手等等。

因果关系图：在确定系统边界，并设定了系统变量以后，就应该在详细分析系统内部结构的基础上，找出反映系统动态行为的主要变量之间的因果关系，绘制因果关系图。这一步也是系统动力学建模的关键所在。

（1）首先我们主要研究企业的营业收入，考虑什么在影响它。营业收入严重依赖企业销售人员所取得的订单数量，那么订单数目和营业收入是正反馈的，而销售人员的规模和订单数目是正反馈，营业收入和销售人员的规模是正反馈，因此它们组成一个正反馈回路。

（2）如果公司仅存在第一步的正反馈回路（见图 14-4），那么营业收入应

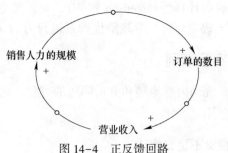

图 14-4 正反馈回路

该按指数方式增长，这与实际情况不符，所以还应该存在阻碍营业收入增长的负反馈回路。公司销售业绩太好，但是产能跟不上，所以存在很多积压的订单，导致交货期太长。因此这样影响到公司的声誉，使得销售变得困难，所获得的订单量会减少，从而导致营业收入的下滑。这就存在一条负反馈回路，同时交货期对销售的影响不会立刻显现，会存在延迟的现象。

（3）从图 14-5 可以看出正反馈回路使营业收入增长，但负反馈回路使营业收入减少。正是这两个正负回路的耦合关系才导致了企业振荡式成长。因此要营业收入指数增长必须消除负反馈回路的作用，那就是缩短交货期。所以关键在于交货期，但是该公司对这个没有给予重视，只是一直注意正反馈回路的作用。我们可以通过扩大企业的产能来缩短交货期，也就是交货期作为企业扩大产能的信号，当交货期超过一定的交货标准，就需要等待产能扩大到足够的程度，但是产能扩大需要时间，存在这个延迟就会影响企业的发展。

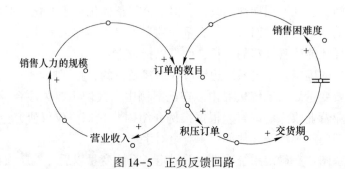

图 14-5 正负反馈回路

通过因果关系分析可以知道，S 公司的发展可以是一帆风顺的，在结构中存在一个杠杆点即公司承诺的交货期，那么根本解是根据需要及时扩大产能。我们知道企业扩大产能是必须花费时日的，关键在于怎样克服这个延迟。这里我们可以采取外包的方式或组成动态联盟方式来迅速扩大产能。

彼得·圣吉教授在《第五项修炼》一书中就系统之间的共性进行了研究，提出了七个系统基模。我们这里讨论案例属于其中"成长与投资不足基模"。因此认真研读这些基模有利于我们培养新的洞察力，帮助我们绘制出系统的因果关系图（见图 14-6）。

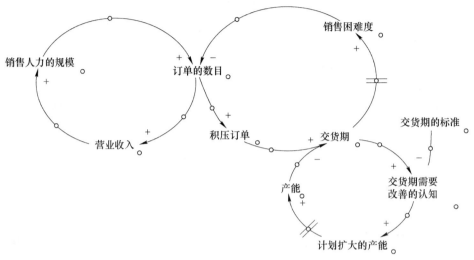

图 14-6 因果关系图

14.5.2 供应链中牛鞭效应

（1）牛鞭效应：最早由宝洁公司在 20 世纪 90 年代提出。宝洁公司对其中某项产品的订货进行考察时发现，其产品的零售商的库存是稳定的，波动幅度不大，然后再考察分销商的订货情况时，发现分销商的订货需求波动比较大，而宝洁公司向它的供应商订货幅度变化更大。从产品的零售商到供应商，他们的订货需求的波动幅度逐渐增大，形似一条鞭子，因此被称为牛鞭效应（如图 14-7 所示）。

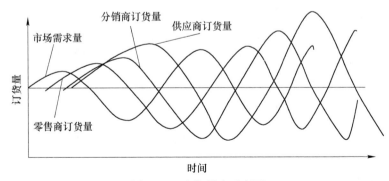

图 14-7 牛鞭效应示意图

（2）啤酒游戏：该游戏是由麻省理工学院斯隆管理学院在 20 世纪 60 年代创

立的库存管理策略游戏，该游戏形象地反映出牛鞭效应的存在及影响。几十年来，游戏的参加者成千上万，但游戏总是产生类似的结果。因此游戏产生恶劣结果的原因必定超出个人因素，这些原因必定是藏在游戏本身的结构里。

在游戏中，零售商通过向某一批发商订货，来响应顾客要求购买的啤酒订单，批发商通过向生产啤酒的工厂订货来响应这个订单。该实验分成三组，分别扮演零售经理、批发经理和工厂经理。每一组都以最优的方式管理库存，准确订货以使利润最大化。

（3）案例介绍：此案例主要是通过模拟啤酒游戏来仿真供应链中的牛鞭效应，从为改善牛鞭效应来提供帮助。首先假设啤酒游戏中包含零售商、批发商、供应商三个成员。同时对游戏中的参数进行如下假设：市场对啤酒的前4周的需求率为1000箱/周，在5周时开始随机波动，波动幅度为±200，均值为0，波动次数为100次，随机因子为4个。假设各节点初始库存和期望库存为3000箱，期望库存持续时间为3周，库存调整时间为4周，移动平均时间为5周，生产延迟时间和运输延迟时间均为3周，不存在订单延迟。仿真时间为0~200周，仿真步长为1周。期望库存等于期望库存持续时间和各节点的销售预测之积。

（4）问题识别：本案例主要研究供应链中牛鞭效应，各个供应链节点库存积压，库存波动幅度比较大，不够稳定，导致供应链的成本居高不下，失去了竞争优势。因此急需采取措施来削弱牛鞭效应，从而能够降低整条供应链的成本，建立稳定的竞争优势。因此本案例通过啤酒游戏来对供应链进行仿真，从而为寻找较优的供应链结构来削弱牛鞭效应，降低成本。系统边界确定：本案例中只考虑供应链中零售商、批发商、供应商，而且仅考虑他们之间的库存订货系统，没有涉及供应商的生产系统，供应链中的物流供应系统等等。

（5）因果关系图：当市场需求增加时，零售商的库存将会减少，从而导致零售商期望库存和零售商的库存之差即零售商库存差增加，当零售商库存差增加，零售商增加向批发商订货来弥补库存差。零售商的订货增加会加快批发商对零售商的送货率，但是这个过程存在两个延迟过程。一个信息延迟过程，就是零售商将市场需求变化情况反馈批发商过程。另一个是物质延迟过程，就是批发商得到零售商的订货要求需要一个时间过程来满足这个要求。同样，批发商的库存也会减少，这样就引起批发商期望库存和批发商库存之差，批发商就会增加向供应商订货来弥补库存差。同理，批发商增加订货量会引起供应商向生产商或上级供应商增加订货量，在这两个弥补库存差的过程中同样存在延迟过程，然后来响应市场需求（见图14-8）。

（6）系统流程图：根据因果关系图绘制系统流程图。首先要识别系统中的水平变量、速率变量。本系统中包括零售商库存、批发商库存、供应商库存三个水平变量；市场需求率、批发商发货率、供应商发货率、供应商生产率、三个速

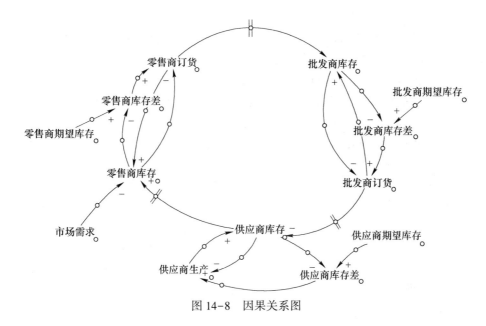

图 14-8　因果关系图

率变量。各个节点的发货率是根据下级节点的订单来决定的。各级节点的订单又是由产品销售预测和库存差来决定的。各个节点的发货率还需要辅助变量来表达。辅助变量包括各节点的订单量、期望库存、销售预测量、供应商生产需求（见图 14-9）。

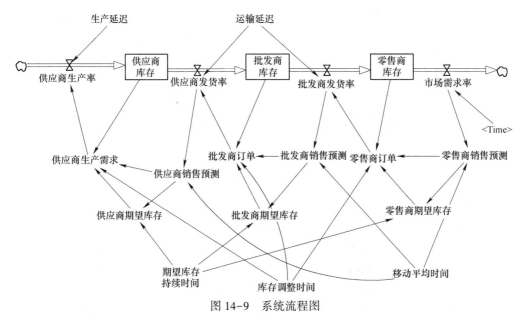

图 14-9　系统流程图

（7）建立仿真方程式：

1）市场销售率=1000+IF THEN ELSE （TIME>4，RANDOM NORMAL （-200，200，0，100，4），0） 单位：箱/周。

2）零售商销售预测=SMOOTH （市场销售率，移动平均时间） 单位：箱/周。

3）零售商期望库存=期望库存持续时间×零售商销售预测 单位：箱。

4）零售商库存=INTEG （分销商发货率-市场销售率，3000） 单位：箱。

5）零售商订单=MAX （0，零售商销售预测+（零售商期望库存-零售商库存）/库存调整时间） 单位：箱/周。

6）批发商发货率=DELAY3 （零售商订单，运输延迟时间） 单位：箱/周。

7）批发商销售预测=SMOOTH （批发商发货率，移动平均时间） 单位：箱/周。

8）批发商库存=INTEG （供应商发货率-批发商发货率，3000） 单位：箱。

9）批发商期望库存=期望库存持续时间×批发商销售预测 单位：箱。

10）批发商订单=MAX （0，批发商销售预测+（批发商期望库存-分销商库存）/库存调整时间） 单位：箱/周。

11）供应商发货率=DELAY3 （分销商订单，运输延迟时间） 单位：箱/周。

12）供应商销售预测=SMOOTH （供应商发货率，移动平均时间） 单位：箱/周。

13）供应商库存=INTEG （供应商生产率-供应商发货率，3000） 单位：箱。

14）供应商期望库存=期望库存持续时间×供应商销售预测 单位：箱。

15）供应商生产需求=MAX （0，供应商销售预测+（供应商期望库存-供应商库存）/库存调整时间） 单位：箱/周。

16）供应商生产率=DELAY3 （供应商生产需求率，生产延迟） 单位：箱/周。

计算机仿真：使用 Vensim 软件建立系统流图和填入方程式，就可以对系统进行仿真。建立仿真模型可以与现实对照，可以寻求削弱牛鞭效应的策略，可以预测系统未来的行为趋势。

通过仿真结果可以发现啤酒游戏能够很好地模拟供应链中的牛鞭效应现象。系统中各个成员的库存和订单量都波动幅度很大，市场的需求信息在供应链中一级一级地放大。

我们已经很好地对真实的牛鞭效应进行了仿真，因此现在需要采用措施来削弱牛鞭效应。我们知道系统的结构决定系统的行为，同样牛鞭效应由啤酒游戏中的结构决定。所以要想削弱牛鞭效应关键在于进行政策优化（见图 14-10）。

（8）政策优化：在前面已经提到，政策优化包括参数优化、结构优化、边界优化。SD 的优化是最优控制问题。但是这种优化在本质上大大不同于人们已熟悉的线性模型，常规的最优化技术对它已无能为力。关于 SD 优化的手段与方法，常

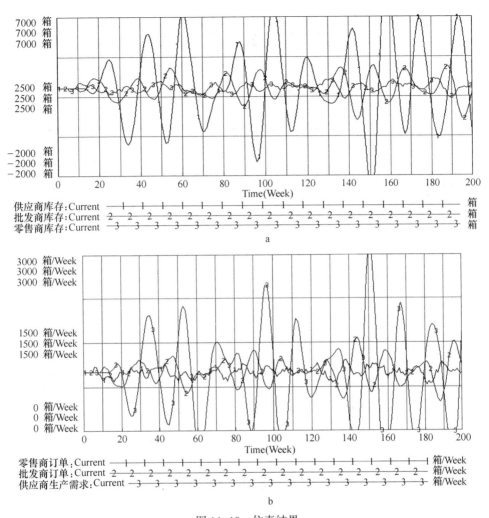

图 14-10　仿真结果

a—供应链各成员库存量；b—各成员订单和供应商生产需求

用的是"试凑法"，即事先设计政策方案，然后通过模拟在所设计的方案中选优。"试凑法"一般是对系统的参数而言，主要依靠建模与分析人员的经验和技巧，很难达到数学意义上的优化或满意。这也是有人质疑系统动力学的地方，没有数学上的严谨性。因此有些系统动力学研究者想弥补"试凑法"的缺点，开始将遗传算法、蚁群算法、小波分析等全局优化方法用于 SD 模型的优化问题。

　　对于牛鞭效应现象，已经很多国内外学者进行了深入的研究，关于牛鞭效应的原因提出了许多原因。因此在此借鉴他们的研究成果，提出的措施来削弱牛鞭效应，通过对它们进行仿真模拟，来验证这些措施的效果。

附录 统 计 表

附录表 1 正态分布概率表

$$F(Z) = P(\mid x - \bar{x} \mid / \sigma < z)$$

Z	$F(Z)$	Z	$F(Z)$	Z	$F(Z)$	Z	$F(Z)$
0.00	0.0000	0.25	0.1974	0.50	0.3829	0.75	0.5467
0.01	0.0080	0.26	0.2051	0.51	0.3899	0.76	0.5527
0.02	0.0160	0.27	0.2128	0.52	0.3969	0.77	0.5587
0.03	0.0239	0.28	0.2205	0.53	0.4039	0.78	0.5646
0.04	0.0319	0.29	0.2282	0.54	0.4108	0.79	0.5705
0.05	0.0399	0.30	0.2358	0.55	0.4177	0.80	0.5763
0.06	0.0478	0.31	0.2434	0.56	0.4245	0.81	0.5821
0.07	0.0558	0.32	0.2510	0.57	0.4313	0.82	0.5878
0.08	0.0638	0.33	0.2586	0.58	0.4381	0.83	0.5935
0.09	0.0717	0.34	0.2661	0.59	0.4448	0.84	0.5991
0.10	0.0797	0.35	0.2737	0.60	0.4515	0.85	0.6047
0.11	0.0876	0.36	0.2812	0.61	0.4581	0.86	0.6102
0.12	0.0955	0.37	0.2886	0.62	0.4647	0.87	0.6157
0.13	0.1034	0.38	0.2961	0.63	0.4713	0.88	0.6211
0.14	0.1113	0.39	0.3035	0.64	0.4778	0.89	0.6265
0.15	0.1192	0.40	0.3108	0.65	0.4843	0.90	0.6319
0.16	0.1271	0.41	0.3182	0.66	0.4907	0.91	0.6372
0.17	0.1350	0.42	0.3255	0.67	0.4971	0.92	0.6424
0.18	0.1428	0.43	0.3328	0.68	0.5035	0.93	0.6476
0.19	0.1507	0.44	0.3401	0.69	0.5098	0.94	0.6528
0.20	0.1585	0.45	0.3473	0.70	0.5161	0.95	0.6579
0.21	0.1663	0.46	0.3545	0.71	0.5223	0.96	0.6929
0.22	0.1741	0.47	0.3616	0.72	0.5285	0.97	0.6680
0.23	0.1819	0.48	0.3688	0.73	0.5346	0.98	0.6729
0.24	0.1897	0.49	0.3759	0.74	0.5407	0.99	0.6778

Z	F (Z)	Z	F (Z)	Z	F (Z)	Z	F (Z)
1.00	0.6827	1.28	0.7995	1.56	0.8812	1.84	0.9342
1.01	0.6875	1.29	0.8030	1.57	0.8836	1.85	0.9357
1.02	0.6923	1.30	0.8064	1.58	0.8859	1.86	0.9371
1.03	0.6970	1.31	0.8098	1.59	0.8882	1.87	0.9385
1.04	0.7017	1.32	0.8132	1.60	0.8904	1.88	0.9399
1.05	0.7063	1.33	0.8165	1.61	0.8926	1.89	0.9412
1.06	0.7109	1.34	0.8198	1.62	0.8948	1.90	0.9426
1.07	0.7154	1.35	0.8230	1.63	0.8969	1.91	0.9439
1.08	0.7199	1.36	0.8262	1.64	0.8990	1.92	0.9451
1.09	0.7243	1.37	0.8293	1.65	0.9011	1.93	0.9464
1.10	0.7287	1.38	0.8324	1.66	0.9031	1.94	0.9476
1.11	0.7330	1.39	0.8355	1.67	0.9051	1.95	0.9488
1.12	0.7373	1.40	0.8385	1.68	0.9070	1.96	0.9500
1.13	0.7415	1.41	0.8415	1.69	0.9090	1.97	0.9512
1.14	0.7457	1.42	0.8444	1.70	0.9109	1.98	0.9523
1.15	0.7499	1.43	0.8473	1.71	0.9127	1.99	0.9534
1.16	0.7540	1.44	0.8501	1.72	0.9146	2.00	0.9545
1.17	0.7580	1.45	0.8529	1.73	0.9164	2.02	0.9566
1.18	0.7620	1.46	0.8557	1.74	0.9181	2.04	0.9587
1.19	0.7660	1.47	0.8584	1.75	0.9199	2.06	0.9606
1.20	0.7699	1.48	0.8611	1.76	0.9216	2.08	0.9625
1.21	0.7737	1.49	0.8638	1.77	0.9233	2.10	0.9643
1.22	0.7775	1.50	0.8664	1.78	0.9249	2.12	0.9660
1.23	0.7813	1.51	0.8690	1.79	0.9265	2.14	0.9676
1.24	0.7850	1.52	0.8715	1.80	0.9281	2.16	0.9692
1.25	0.7887	1.53	0.8740	1.81	0.9297	2.18	0.9707
1.26	0.7923	1.54	0.8764	1.82	0.9312	2.20	0.9722
1.27	0.7959	1.55	0.8789	1.83	0.9328	2.22	0.9736

Z	F (Z)	Z	F (Z)	Z	F (Z)	Z	F (Z)
2.24	0.9749	2.48	0.9869	2.72	0.9935	2.96	0.9969
2.26	0.9762	2.50	0.9876	2.74	0.9939	2.98	0.9971
2.28	0.9774	2.52	0.9883	2.76	0.9942	3.00	0.9973
2.30	0.9786	2.54	0.9889	2.78	0.9946	3.20	0.9986
2.32	0.9797	2.56	0.9895	2.80	0.9949	3.40	0.9993
2.34	0.9807	2.58	0.9901	2.82	0.9952	3.60	0.99968
2.36	0.9817	2.60	0.9907	2.84	0.9955	3.80	0.99986
2.38	0.9827	2.62	0.9912	2.86	0.9958	4.00	0.99994
2.40	0.9836	2.64	0.9917	2.88	0.9960	4.50	0.999994
2.42	0.9845	2.66	0.9922	2.90	0.9962	5.00	0.999999
2.44	0.9853	2.68	0.9926	2.92	0.9965		
2.46	0.9861	2.70	0.9931	2.94	0.9967		

附录表 2 t 分布临界值表

$$P\left[\,|\,t\,(v)\,|\,t_\alpha\,(v)\,\right]=\alpha$$

单侧	$\alpha=0.10$	0.05	0.025	0.01	0.005
双侧	$\alpha=0.20$	0.10	0.05	0.02	0.01
$v=1$	3.078	6.314	12.706	31.821	63.657
2	1.886	2.920	4.303	6.965	9.925
3	1.638	2.353	3.182	4.541	5.841
4	1.533	2.132	2.776	3.747	4.604
5	1.476	2.015	2.571	3.365	4.032
6	1.440	1.943	2.447	3.143	3.707
7	1.415	1.895	2.365	2.998	3.499
8	1.397	1.860	2.306	2.896	2.355
9	1.383	1.833	2.262	2.821	3.250
10	1.372	1.812	2.228	2.764	3.169
11	1.363	1.796	2.201	2.718	3.106
12	1.356	1.782	2.179	2.681	3.055

单侧	$\alpha = 0.10$	0.05	0.025	0.01	0.005
双侧	$\alpha = 0.20$	0.10	0.05	0.02	0.01
13	1.350	1.771	2.160	2.650	3.012
14	1.345	1.761	2.145	2.624	2.977
15	1.341	1.753	2.131	2.602	2.947
16	1.337	1.746	2.120	2.583	2.921
17	1.333	1.740	2.110	2.567	2.898
18	1.330	1.734	2.101	2.552	2.878
19	1.328	1.729	2.093	2.539	2.861
20	1.325	1.725	2.086	2.528	2.845
21	1.323	1.721	2.080	2.518	2.831
22	1.321	1.717	2.074	2.508	2.819
23	1.319	1.714	2.069	2.500	2.807
24	1.318	1.711	2.064	2.492	2.797
25	1.316	1.708	2.060	2.485	2.787
26	1.315	1.706	2.056	2.479	2.779
27	1.314	1.703	2.052	2.473	2.771
28	1.313	1.701	2.048	2.467	2.763
29	1.311	1.699	2.045	2.462	2.756
30	1.310	1.697	2.042	2.457	2.750
40	1.303	1.684	2.021	2.423	2.704
50	1.299	1.676	2.009	2.403	2.678
60	1.296	1.671	2.000	2.390	2.660
70	1.294	1.667	1.994	2.381	2.648
80	1.292	1.664	1.990	2.374	2.639
90	1.291	1.662	1.987	2.368	2.632
100	1.290	1.660	1.984	2.364	2.626
125	1.288	1.657	1.979	2.357	2.616
150	1.287	1.655	1.976	2.351	2.609
200	1.286	1.653	1.972	2.345	2.601
∞	1.282	1.645	1.960	2.326	2.576

附录表 3 F 分布临界值表

$$P\left[F\left(r_1, r_2\right) > F_2\left(r_1, r_2\right)\right] = \alpha$$

v_1 / v_2	1	2	3	4	5	6	8	10	15
($\alpha = 0.05$)									
1	161.4	199.5	215.7	224.6	230.2	234.0	238.9	241.9	245.9
2	18.51	19.00	19.16	19.25	19.30	19.33	19.37	19.40	19.43
3	10.13	9.55	9.28	9.12	9.01	8.94	8.85	8.79	8.70
4	7.71	6.94	6.59	6.39	6.26	6.16	6.04	5.96	5.86
5	6.61	5.79	5.41	5.19	5.05	4.95	4.82	4.74	4.62
6	5.99	5.14	4.76	4.53	4.39	4.28	4.15	4.06	3.94
7	5.59	4.74	4.35	4.12	3.97	3.87	3.73	3.64	3.51
8	5.32	4.46	4.07	3.84	3.69	3.58	3.44	3.35	3.22
9	5.12	4.26	3.86	3.63	3.48	3.37	3.23	3.14	3.01
10	4.96	4.10	3.71	3.48	3.33	3.22	3.07	2.98	2.85
11	4.84	3.98	3.59	3.36	3.20	3.09	2.95	2.85	2.72
12	4.75	3.89	3.49	3.26	3.11	3.00	2.85	2.75	2.62
13	4.67	3.81	3.41	3.18	3.03	2.92	2.77	2.67	2.53
14	4.60	3.74	3.34	3.11	2.96	2.85	2.70	2.60	2.46
15	4.54	3.68	3.29	3.06	2.90	2.79	2.64	2.54	2.40
16	4.49	3.63	3.24	3.01	2.85	2.74	2.59	2.49	2.35
17	4.45	3.59	3.20	2.96	2.81	2.70	2.55	2.45	2.31
18	4.41	3.55	3.16	2.93	2.77	2.66	2.51	2.41	2.27
19	4.38	3.52	3.13	2.90	2.74	2.63	2.48	2.38	2.23
20	4.35	3.49	3.10	2.87	2.71	2.60	2.45	2.35	2.20
21	4.32	3.47	3.07	2.84	2.68	2.57	2.42	2.32	2.18
22	4.30	3.44	3.05	2.82	2.66	2.55	2.40	2.30	2.15
23	4.28	3.42	3.03	2.80	2.64	2.53	2.37	2.27	2.13
24	4.26	3.40	3.01	2.78	2.62	2.51	2.36	2.25	2.11
25	4.24	3.39	2.99	2.76	2.60	2.49	2.34	2.24	2.09
26	4.23	3.37	2.98	2.74	2.59	2.47	2.32	2.22	2.07
27	4.21	3.35	2.96	2.73	2.57	2.46	2.31	2.20	2.06
28	4.20	3.34	2.95	2.71	2.56	2.45	2.29	2.19	2.04
29	4.18	3.33	2.93	2.70	2.55	2.43	2.28	2.18	2.03

ν_1 \ ν_2	1	2	3	4	5	6	8	10	15
30	4.17	3.32	2.92	2.69	2.53	2.42	2.27	2.16	2.01
40	4.08	3.23	2.84	2.61	2.45	2.34	2.18	2.08	1.92
50	4.03	3.18	2.79	2.56	2.40	2.29	2.13	2.03	1.87
60	4.00	3.15	2.76	2.53	2.37	2.25	2.10	1.99	1.84
70	3.98	3.13	2.74	2.50	2.35	2.23	2.07	1.97	1.801
80	3.96	3.11	2.72	2.49	2.33	2.21	2.06	1.95	1.79
90	3.95	3.10	2.71	2.47	2.32	2.20	2.04	1.94	1.78
100	3.94	3.09	2.70	2.46	2.31	2.19	2.03	1.93	1.77
125	3.92	3.07	2.68	2.44	2.29	2.17	2.01	1.91	1.75
150	3.90	3.06	2.66	2.43	2.27	2.16	2.00	1.89	1.73
200	3.89	3.04	2.65	2.42	2.26	2.14	1.98	1.88	1.72
∞	3.84	3.00	2.60	2.37	2.21	2.10	1.94	1.83	1.67

$(\alpha = 0.01)$

	1	2	3	4	5	6	8	10	15
1	4052	4999	5403	5625	5764	5859	5981	6065	6157
2	98.50	99.00	99.17	99.25	99.30	99.33	99.37	99.40	99.43
3	34.12	30.82	29.46	28.71	28.24	27.91	27.49	27.23	26.87
4	21.20	18.00	16.69	15.98	15.52	15.21	14.80	14.55	14.20
5	16.26	13.27	12.06	11.39	10.97	10.67	10.29	10.05	9.72
6	13.75	10.92	9.78	9.15	8.75	8.47	8.10	7.87	7.56
7	12.25	9.55	8.45	7.85	7.46	7.19	6.84	6.62	6.31
8	11.26	8.65	7.59	7.01	6.63	6.37	6.03	5.81	5.52
9	10.56	8.02	6.99	6.42	6.06	5.80	5.47	5.26	4.96
10	10.04	7.56	6.55	5.99	5.64	5.39	5.06	4.85	4.56
11	9.65	7.21	6.22	5.67	5.32	5.07	4.74	4.54	4.25
12	9.33	6.93	5.95	5.41	5.06	4.82	4.50	4.30	4.01
13	9.07	6.70	5.74	5.21	4.86	4.62	4.30	4.10	3.82
14	8.86	6.51	5.56	5.04	4.69	4.46	4.14	3.94	3.66
15	8.86	6.36	5.42	4.89	4.56	4.32	4.00	3.80	3.52
16	8.53	6.23	5.29	4.77	4.44	4.20	3.89	3.69	3.41
17	8.40	6.11	5.19	4.67	4.34	4.10	3.79	3.59	3.31
18	8.29	6.01	5.09	4.58	4.25	4.01	3.71	3.51	3.23
19	8.18	5.93	5.01	4.50	4.17	3.94	3.63	3.43	3.15

ν_2 \ ν_1	1	2	3	4	5	6	8	10	15
20	8. 10	5. 85	4. 94	4. 43	4. 10	3. 87	3. 56	3. 37	3. 09
21	8. 02	5. 78	4. 87	4. 37	4. 04	3. 81	3. 51	3. 31	3. 03
22	7. 95	5. 72	4. 82	4. 31	3. 99	3. 76	3. 45	3. 26	2. 98
23	7. 88	5. 66	4. 76	4. 26	3. 94	3. 71	3. 41	3. 21	2. 93
24	7. 82	5. 61	4. 72	4. 22	3. 90	3. 67	3. 36	3. 17	2. 89
25	7. 77	5. 57	4. 68	4. 18	3. 85	3. 63	3. 32	3. 13	2. 85
26	7. 72	5. 53	4. 64	1. 14	3. 82	3. 59	3. 29	3. 09	2. 81
27	7. 68	5. 49	4. 60	4. 11	3. 78	3. 56	3. 26	3. 06	2. 78
28	7. 64	5. 45	4. 57	4. 07	3. 75	3. 53	3. 23	3. 03	2. 75
29	7. 60	5. 42	4. 54	4. 04	3. 73	3. 50	3. 20	3. 00	2. 73
30	7. 56	5. 39	4. 51	4. 02	3. 70	3. 47	3. 17	2. 98	2. 70
40	7. 31	5. 18	4. 31	3. 83	3. 51	3. 29	2. 99	2. 80	2. 52
50	7. 17	5. 06	4. 20	3. 72	3. 41	3. 19	2. 89	2. 70	2. 42
60	7. 08	4. 98	4. 13	3. 65	3. 34	3. 12	2. 82	2. 63	2. 35
70	7. 01	4. 92	4. 07	3. 60	3. 29	3. 07	2. 78	2. 59	2. 31
80	6. 96	4. 88	4. 04	3. 56	3. 26	3. 04	2. 74	2. 55	2. 27
90	6. 93	4. 85	4. 01	3. 53	3. 23	3. 01	2. 72	2. 52	2. 42
100	6. 90	4. 82	3. 98	3. 51	3. 21	2. 99	2. 69	2. 50	2. 22
125	6. 84	4. 78	3. 94	3. 47	3. 17	2. 95	2. 66	2. 47	2. 19
150	6. 81	4. 75	3. 91	3. 45	3. 14	2. 92	2. 63	2. 44	2. 16
200	6. 76	4. 71	3. 88	3. 41	3. 11	2. 89	2. 60	2. 41	2. 13
∞	6. 63	4. 61	3. 78	3. 32	3. 02	2. 80	2. 51	2. 23	2. 04

参 考 文 献

[1] 钱学森. 论系统工程 [M]. 长沙：湖南科学技术出版社，1988.

[2] 李国刚. 管理系统工程 [M]. 北京：中国人民大学出版社，1993.

[3] 黄贯虹，方刚. 系统工程方法与应用 [M]. 广州：暨南大学出版社，2005.

[4] 白思俊，等. 系统工程 [M]. 北京：电子工业出版社，2006.

[5] 汪应洛. 系统工程 [M]. 北京：机械工业出版社，2003.

[6] 甘应爱，等. 运筹学 [M]. 北京：清华大学出版社，1998.

[7] 冯文权. 经济预测与决策技术 [M]. 武汉：武汉大学出版社，1994.

[8] 简明，胡玉立. 市场预测与管理决策 [M]. 北京：中国人民大学出版社，2003.

[9] 胡祖光. 市场调研预测学 [M]. 杭州：浙江大学出版社，2001.

[10] 卫民堂. 决策理论与技术 [M]. 西安：西安交通大学出版社，2000.

[11] 张保法. 经济预测与经济决策 [M]. 北京：经济科学出版社，2004.

[12] 贾俊平. 统计学 [M]. 北京：清华大学出版社，2004.

[13] 吴清烈，蒋尚华. 预测与决策分析 [M]. 南京：东南大学出版社，2004.

[14] 傅毓雄，张凌. 预测决策理论与方法 [M]. 哈尔滨：哈尔滨工程大学出版社，2003.

[15] 李正龙. 经济预测与决策方法 [M]. 安徽：安徽大学出版社，2002.

[16] 张桂喜，马立平. 预测与决策概论 [M]. 北京：首都经济贸易大学出版社，2006.

[17] 张卫星. 市场预测与管理决策 [M]. 北京：北京工业大学出版社，2002.

[18] 李庄，项蓓丽，韦文楼. 预测决策方法 [M]. 南宁：广西科学技术出版社，2005.